Information Study for a Passport to the New Era

身近なモノや
サービスから学ぶ

「情報」教室

コンピュータと
プログラミング

3

土屋誠司 編／芋野美紗子 著

創元社

目次

はじめに

　第3巻『コンピュータとプログラミング』では、コンピュータという機械そのものの仕組みを理解するところから始め、続けてそれを動かすために必要なプログラムについて説明する構成としました。機械（ハードウェア）とプログラム（ソフトウェア）は「コンピュータを動かす」ことにおいて不可分なものですが、それらがどのように繋がっているのかは意識しづらいところではないかと思います。ハードとソフトは別物ではなく、それらが組み合わさってコンピュータが構成されていることを順に説明しました。

　後半の章では、プログラムを実際に作る動作（プログラミング）について説明していますが、ある特定の言語による「書き方」ではなく、コンピュータに命令を示すとはどういうことなのかという「考え方」を軸にしたつもりです。「書き方」はプログラムを作る言語が違えば変わってしまいますが、「考え方」はどんな言語においても有用です。これからプログラミングに触れる人や学びなおす人にとって、活用しやすい知識となっていれば幸いです。

　昔はコンピュータもプログラムも専門家だけがわかっていれば良く、一般の人にとっては「仕組みは分からないが便利なもの」で良かったかもしれません。しかし昨今、情報端末や情報システムはもはやインフラとして生活に浸透しきっています。世の中において「有って当然」な道具の知識は、いつか「知っていて当然」になっていきます。使われ方もどんどん複雑化していき、仕組みを知らずに過ごすことは逆に不便や不利益を生むことになっていくのではないかと思います。コンピュータや情報システムを「仕組みの分からない便利なもの」止まりにせず、ちょっと仕組みも見てみよう…この本に触れることで、そんなふうに考えてもらえれば良いな、と思っています。

芋野美紗子

1

情報のデジタル化

この章で学ぶ主なテーマ

N 進数

コンピュータと 2 進数

いろいろなデジタルデータ

「身近なモノやサービス」から見てみよう！

　パソコンやスマホ、ゲーム機などのようなデジタル機器は、すでに私たちの生活の一部として組み込まれています。みなさんも日常的に、それらの機器を使ってメッセージや画像をやりとりしたり、動画や音楽を見たり聴いたりして楽しんでいるのではないでしょうか。

　実は、こうしたデジタル機器の中で動いているさまざまなデータは、すべて「2進数」というもので作られています。2進数とは数の表現方法、つまり数え方の一つで、0と1の2種類の記号で表されます。つまり、迫力満点なゲームの画面も、音楽配信サービスで聞いているお気に入りの曲も、誰かがデジカメで撮った美しい夕日の画像も、その実態はすべて0と1が並んだものにすぎないということです。

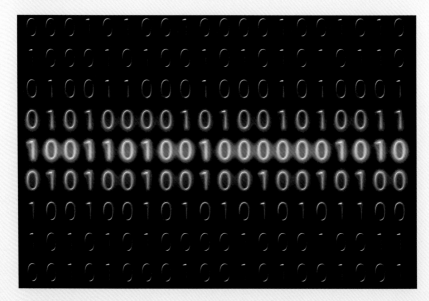

夕日の色は「茜色」などと表現されます。どんな色合いか、人間なら言葉でなんとなく想像できると思いますが、コンピュータは「こういう色」としっかりデータで決めてやらないと処理することができません。ちなみに茜色は「1011 0111 0010 1000 0010 1110」という2進数で表され、さらに16進数という表し方では「b7282e」となります。人間からすると色の想像などまったくつかない英数字の並びですが、コンピュータにはこちらの方がわかりやすいのです。

　この章では、コンピュータにとって処理しやすい2進数によるデータ表現について学んでいきましょう。そのためにまず2進数、ひいては8進数・16進数という表現方法について学びます。その後で、画像や動画などの私たちがよく見るデータがどうやって2進数で構成されているのかを理解していきましょう。

N 進数

　コンピュータやスマホの中のデータについて理解するためには、まず**2進数**、さらには**8進数**や**16進数**を理解する必要があります。これらの「N進数」は数の進め方の種類であって、コンピュータ特有の何かではありません。私たちは普段、0、1、2…と順に数を数えていき、…8、9、そして10で位が上がるという方法を意識せず行っています。これは10進数と呼ばれる数の進め方です。私たちの社会の中では、多くのものがこの10進数によって動いています。一方、コンピュータの中ではデータや処理のすべてが2進数で表現されています。文字や画像、音楽、みなさんがよく遊ぶゲームも、コンピュータの中ではすべて2進数、つまり0と1が並んだものです。

　突然そんなことを言われてもピンとこないのではないかと思います。そもそも、私たち人間は10進数でものを考えているのに、その人間が使うコンピュータではなぜ2進数なんてものを扱うのでしょう。それに画像や音楽、ゲームなんていう複雑なものが「0と1の並んだもの」などと言われても、にわかには信じがたいと思います。とはいえ、これらの話を理解するためには「2進数によって表現されたデータ」について説明しなければならず、その前提として2進数という数の進め方を理解してもらわなければなりません。ということで、コンピュータは2進数を扱っている話や、具体的にどんなデータがどうやって2進数になっているのかは後の節で説明することにして、ここでは2進数という数の進め方についてまず学んでいきましょう。

2進数とは

　2進数は「2で位が上がる」というルールで動く、数の進め方です。私たちは10進数をごく自然に扱っているため、数値 =10進数と思ってしまうところがあります。しかし数の進め方は「誰かが決めたルール」とい

うだけで、「0 ～ 9 の記号を使い、9 の次で桁が上がる」という 10 進数もある 1 つのルールにすぎません。2 進数も、さらに言うなら 8 進数も 16 進数も、どんな N 進数も違うルールというだけで「数の進め方」という根本は何も変わりません。

「リンゴがこれだけある」のは同じだが、数え方のルールが異なる。

　ここからは、例えば 10 進数の 899 のことを、899(10) と表現することにします。同じように 2 進数の 100 なら 100(2) です。こうすれば 100 (10) と 100 (2) が違う数値であると把握できます。ちなみに 100(10) は「ヒャク」と読みますが、100 (2) の読み方は「イチゼロゼロ」です。

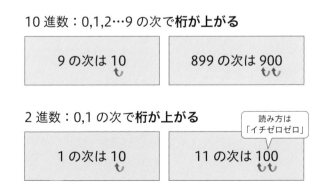

899 は 1 桁目、一の位がすでに 9 まで進んでいます。ですからこの次は桁上がりが起こり、一の位は 0 に戻ります。桁が上がった先、十の位を見るとこの桁も 9 まで数が進んでいますから、一の位からの桁上がりが加わることでさらに桁上がりが発生します。もちろん十の位の 9 は 0 に戻ります。結果として、899 (10) の次は、900 (10) となるわけです。

2 進数でも数の進み方の理屈は同じです。違いは「記号は 0 と 1 の 2 種類」「0 → 1 と進み、この次は桁上がりをする」という点です。例えば 11 (2) は 1 桁目が 1 まで進んでいます。つまりこの次は桁上がりが起こり、1 桁目は 0 に戻るわけです。2 桁目を見るとこちらも 1 まで進んでいますから、1 桁目からの桁上がりが加わってさらに桁上がりが発生します。そしてもちろん 2 桁目も 0 に戻ります。よって 11 (2) の次は 100 (2) となるわけです。

10 進数と 2 進数の相互変換

ある 2 進数を 10 進数の表現に変換するには、「その桁が 2 の何乗の桁か」を考える必要があります。この「何乗の桁」という考え方を、まずは 10 進数で説明してみましょう。899 (10) という数値は一の位が 9、十の位が 9、百の位が 8 という構造をしています。この「〇の位」というのをもう少し正確に表現すると、10^0 の位、10^1 の位、10^2 の位となります。10^0 の位に 9 という記号がある、つまり 10^0（=1）が 9 つある、ということを示しているわけです。同じように考えると、例えば 100 (2) は 2^0 の位に 0、2^1 の位に 0、2^2 の位に 1 という記号が示されていることになります。2 の N 乗となっているのは、もちろん 2 進数だからです。2 進数の 2 桁目は、1 桁目が 0 → 1 と進み、その次に進んだときに桁上がりで 1 となる桁です。これは 10 進数で言うなら 0 → 1 の次ですから、つまり 2 (10) になったときに 2 進数の 2 桁目は 1 となります。なので 2^1（=2）の位なわけです。「10 (10) になったとき 1 になるから十の位」というのと同じです。

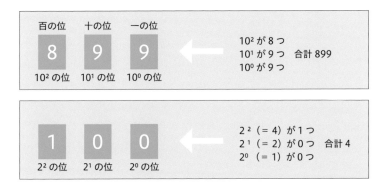

　このように数字の並びの意味がわかれば、2 進数を 10 進数に変換する
のは簡単です。先ほどの 100 (2) ならば 2^0 の位に 0、2^1 の位に 0、2^2 の
位に 1 ですから $2^0 \times 0 + 2^1 \times 0 + 2^2 \times 1 = 4$ となり、100 (2) ＝4 (10) となるわ
けです。

　逆に 10 進数を 2 進数へ変換するには、「2 になれる塊となれない余り」
を考えていきます。例えば 25 (10) について考えてみます。この 10 進数
を 2 進数へ変換するには、2 で割って商と余りを出し、この商をまた 2
で割って商と余りを出し、という計算を繰り返していきます。25 (10) を
2 で割れば商が 12 で余りが 1 です。この商 12 をまた 2 で割ることで 6
余り 0…というふうに、商が 0 になるまで繰り返します。そして最後の
余りから順に並べると、2 進数が完成します。

$$25 \div 2 \ = 12 \ 余り 1$$
$$12 \div 2 \ = \ \ 6 \ 余り 0$$
$$6 \div 2 \ = \ \ 3 \ 余り 0$$
$$3 \div 2 \ = \ \ 1 \ 余り 1$$
$$1 \div 2 \ = \ \ 0 \ 余り 1$$

余りを逆順に
(11001)₂

　この計算は先ほど述べた「2 になれる塊となれない余り」を調べていま
す。25 (10) を 2 で割って商 12 余り 1 を出したところに着目してみます。
まず「2 で割る」という動作は「2 になれる塊がいくつあるか」を計算し

ているとも言えます。25(10) からは 2 になれる塊が 12 個作れるということです。また、2 になれない余りが 1 ということです。2 進数では 0 → 1 までは同じ桁で、その次は桁が上がって 10(2) となります。言い換えれば「2(10) で桁が上がる」ということです。2 進数のことを 10 進数で説明しているので少しややこしいかもしれませんが、2(10) と 10(2) は等しいのでこう言い換えることはできるはずです。さて、「2(10) で桁が上がる」ということは、「2 になれる塊」は上の桁に上がる分だということになります。一方で 2 になれない余りは桁上がりができない分、つまり一番下の桁に据え置きの分ということになります。

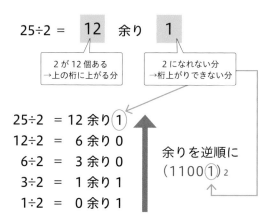

この計算を繰り返すことで、上の桁に上がる塊とその桁に据え置きの余りを順番に出しているわけです。もちろん、2 で割るので余りは 0 か 1 しか出ません。それぞれの余りが、上の桁に上がれずその桁に据え置かれる、つまり各桁の 0、1 ということになります。

8 進数と 16 進数 ···

ここまで 2 進数という数の進め方について説明してきました。繰り返しになりますが、2 進数も 10 進数も数の進め方の 1 つです。2 進数なら 2(10) で桁が上がり、10 進数なら 10(10) で桁が上がるという決まりです。

ということは、2 や 10 に限らずどんな N 進数でも「N で桁が上がる」というルールで数を進めることができるはずです。

　コンピュータに関することを学んでいると、よく出てくるのが **8 進数**と **16 進数**です。8 進数は $8_{(10)}$ で桁が上がり、16 進数は $16_{(10)}$ で桁が上がるというルールで数を進めます。なぜこれらがコンピュータの世界でよく出てくるかは次の節で説明することにして、まずは数の進め方のルールを見ていきましょう。

　とは言っても、あまり新しい話はありません。2 進数の理屈がわかっていれば、同じ理屈を 8 や 16 という数値で置き換えて考えればよいだけです。8 進数では 0 ～ 7 の 8 種類の記号で 1 桁を表します。$8_{(10)}$ になると桁が上がり、1 桁目は 0 に戻りますから $8_{(10)} = 10_{(8)}$ となるわけです。16 進数も同じく $16_{(10)}$ になると桁が上がりますから、つまり $15_{(10)}$ までは 1 桁で表すことになります。ここで問題になるのが、例えば「15」は 1 桁で表されるべきものなのに記号を 2 つ使っているという点です。1 桁に記号が 1 つの場合と 2 つの場合が混在していると、とてもわかりづらくなります。「115」が「1 と 1 と 5」という記号の並びなのか「11と 5」なのか「1 と 15」なのかわかりません。そこで 16 進数では $10_{(10)}$ ～ $15_{(10)}$ を一つの記号で表すために英字の A ～ F を使います。$10_{(10)}$ は $A_{(16)}$ となり、$16_{(10)}$ は繰り上がって $10_{(16)}$ となります。

16 進数	A	B	C	D	E	F	10
10 進数	10	11	12	13	14	15	16

　ところで、2 進数・8 進数・16 進数の間には便利な関係性があります。それは 2 進数の 3 桁が 8 進数の 1 桁に、2 進数の 4 桁が 16 進数の 1 桁にそれぞれ対応しているというものです。

　それぞれの N 進数を並べてみると、例えば 8 進数の 1 桁である $0_{(8)}$

16進数	8進数	2進数			
0	0	0	0	0	0
1	1	0	0	0	1
2	2	0	0	1	0
3	3	0	0	1	1
4	4	0	1	0	0
5	5	0	1	0	1
6	6	0	1	1	0
7	7	0	1	1	1
8	10	1	0	0	0
9	11	1	0	0	1
A	12	1	0	1	0
B	13	1	0	1	1
C	14	1	1	0	0
D	15	1	1	0	1
E	16	1	1	1	0
F	17	1	1	1	1

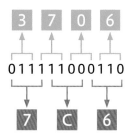

〜 7(8) は 2 進数 3 桁の 000(2) 〜 111(2) と対応しているのがわかります。同じように、16 進数の 1 桁は 0000(2) 〜 1111(2) の 2 進数 4 桁と対応しています。これをうまく使うと、2 進数と 8・16 進数との間の相互変換が非常に簡単にできます。2 進数の一番下の桁（2^0 の位）から順に 3 桁ずつを変換すれば 8 進数に、4 桁ずつを変換すれば 16 進数となります。例えば 011111000110(2) を 16 進数に変換するなら、まず一番下の桁から 4 桁分である 0110(2) を見ます。この 4 桁は 0110(2) =6(10) =6(16) と変換できます。その次の 4 桁 1100(2) =12(10) =C(16) となります。これを繰り返すことで 011111000110(2) =7C6(16) と変換できるわけです。

コンピュータと2進数

　前の節ではN進数という「数の進め方」について説明しましたが、そもそもはコンピュータの中のデータや処理がすべて2進数である、という話が本題でした。この節で、コンピュータと2進数の関係に触れていきましょう。

　ご存じの通り、コンピュータは電気で動く機械です。つまり画像や音声、動画など、どのようなデータや処理も電気信号によって扱える形にする必要があります。例えば「茜色はこのような電気信号」というように、何かしらの状態を何かしらの電気信号の形にする必要があるのです。

なぜ2進数なのか

　電気信号によって0と1を表現する、つまり2進数表現を用いる理由として、電気信号の判別が簡単になる点が挙げられます。例えば電圧が0.0V（ボルト）なら赤色、0.1Vなら青色、0.2Vなら緑色…と決めていった場合、何らかのノイズの影響で0.1Vが0.15Vになってしまったらどうなるでしょうか。一方で0V、言うなればスイッチを完全に切ってしまった状態か、0Vではない、スイッチを入れた状態かの2つしかなければ、判別はとても簡単です。そしてこれはまさに、0か1の2進数状態なわけです。電気信号で状態を表すコンピュータにとって、2進数はノイズに強く判別しやすいという利点があります。また、コンピュータの部品が単純で済むのも魅力です。大雑把な言い方になりますが、ON/OFFができる単純なスイッチ部品さえあれば、2進数1桁を表現する部品を作ることができます。つまり単純なスイッチをたくさん並べてON/OFFをするだけで、複数桁の2進数も表現できるわけです。

　また、演算が簡単な点も2進数を用いる理由として挙げられます。1桁の足し算を考えたとき、10進数であれば0+0、0+1、0+2…と組み合

わせは 10*10 で 100 種類となります。一方で 2 進数 1 桁は 0+0=0、0+1=1、1+0=1、1+1=10 の 4 種類しかありません。もっと桁数が多い足し算だったとしても、実際に行うのは各桁ごとの計算の繰り返しなので、1 桁における計算のパターンが少ないならば演算の処理が簡単になります。もちろん繰り上がりを考えても、パターン数は 2 進数の方が圧倒的に少なくなります。

　一方で 2 進数では、ある決まった桁数で表すことのできる状態の数が 10 進数と比べて少なくなるという欠点もあります。例えば色データを数値で表そうとしたとき、10 進数なら赤色を 0、青色を 1、緑色を 2、黄色を 3…というように 1 桁で 10 種類の色を表すことができます。一方で 2 進数 1 桁だと赤色を 0、青色を 1 の 2 種類で打ち止めです。10 種類の色を表そうとすると 4 桁が必要になります。解決策はもちろん桁を増やすことで、桁が多ければ表現の種類も増えます。そして前に説明した通り、それぞれの桁の電気信号の判別が容易で部品も単純ならば、桁を増やすのはさほど負担にならないのです。

　ところで、人間にとって 0 と 1 がたくさん並んだデータを読むのは大変です。しかしコンピュータの中で動いているデータを人が直接確認したい、というときがあります。そういうときに使われるのが、前の節で登場した 8 進数や 16 進数なのです。2 進数の 4 桁が 16 進数の 1 桁に対応するという話をしましたが、つまり 0 と 1 が 32 個並んだような 2 進数でも、16 進数ならば 8 桁で済むということです。これにより人間にとって読みやすくなる、可読性が上がるというわけです。

補数を使った負数の表現 ･････････････････････････････････

　コンピュータにおいて 2 進数を使う他の理由として、「2 の補数による負数の表現」というものがあります。詳しくはこれから説明していきますが、結論を先に述べると「足し算処理で引き算もできる」というのがこの表現方法の利点です。

　まずは**補数**について説明します。N進数のある数値について考えるとき、その数値に対する補数として「Nの補数」と「N-1の補数」の2種類を求めることができます。Nの補数は「足すとぎりぎり桁上がりをする数」のことで、N-1の補数は「足すとぎりぎり桁上がりをしない数」のことです。ぎりぎり桁上がりする数としない数ですので、もちろんこれらは連続しています。N-1の補数に +1 すれば N の補数になります。

　少しややこしいと思うので、$256_{(10)}$ という3桁の10進数で考えてみましょう。10進数ということは N=10 ですので、10の補数と9の補数の2種類を求めることができます。まず10の補数は「足すとぎりぎり桁上がりをする数」ですので、3桁の $256_{(10)}$ に足すことでぎりぎり4桁、つまり $1000_{(10)}$ になる数ということで $744_{(10)}$ となります。一方で9の補数は「足すとぎりぎり桁上がりをしない数」ですから、3桁の $256_{(10)}$ に足すことでぎりぎり3桁のまま、つまり $999_{(10)}$ になる数ということで $743_{(10)}$ になります。

$256_{(10)}$ の…
10の補数：$744_{(10)}$（$256_{(10)} + 744_{(10)} = 1000_{(10)}$）
　9の補数：$743_{(10)}$（$256_{(10)} + 743_{(10)} = 999_{(10)}$）　　　9の補数 +1 = 10の補数

　他のN進数でも考え方は同じです。例えば $010_{(2)}$ について、まず N=2 なので**2の補数**と**1の補数**があります。2の補数はぎりぎり桁が上がる数なので $110_{(2)}$、1の補数はぎりぎり桁が上がらない数なので $101_{(2)}$ となります。

$010_{(2)}$ の…
2の補数：$110_{(2)}$（$010_{(2)} + 110_{(2)} = 1000_{(2)}$）
1の補数：$101_{(2)}$（$010_{(2)} + 101_{(2)} = 111_{(2)}$）　　　1の補数 +1 = 2の補数

　コンピュータではこの 2 の補数を用いて負数を表現します。どういうことかというと、010 (2) はもちろん 2 (10) ですが、このとき 2 の補数である 110 (2) を -2 (10) と見なすということです。最初に述べた「足し算処理で引き算もできる」という利点を考えましょう。2 (10) と -2 (10) を足すと結果はもちろん 0 (10) です。そして 2 (10) + -2 (10) =2 (10) -2 (10) ですから、これは 2 (10) から 2 (10) を引く引き算とも取れます。さて、110 (2) を -2 (10) と見なすならば 2 (10) + -2 (10) =010 (2) +110 (2) で結果は 0 になるはずです。実際に計算してみると 010 (2) +110 (2) =1000 (2) となりますが、ここで「桁上がりを無視する」というルールを決めてやると 000 (2) となり、正しい演算結果を得ることができます。

　この「桁上がりを無視する」というルールは強引に感じるかもしれません。しかし今考えているのはあくまで、コンピュータが電気信号によって負数を扱う方法です。桁上がりを無視するというのは「元の桁の 01 スイッチのみ見ておけばよい」ということですから、実装するのは非常に簡単です。そしてそのルールさえ守れば、確かに 2 の補数は元の数の負数として機能するわけです。

　また「足し算処理で引き算もできる」ならば、実は掛け算も割り算も足し算処理でできることになります。掛け算は足し算を繰り返せば計算できますし、割り算は引き算を繰り返せば計算できます。つまり、2 の補数で負数を表現することで「足し算処理のみで四則演算ができる」という大きな利点まで生まれるわけです。

　さらに言うなら 2 の補数を求めるのも非常に簡単です。まず 1 の補数はすべての桁の 1 を 0 に、0 を 1 に反転させれば出てきます。これはスイッチの ON/OFF をすべての桁で入れ替えればよいだけです。そして 1 の補数に +1 すれば 2 の補数になるわけですから、これも足し算処理さえあればできるわけです。

いろいろなデジタルデータ

　N進数という数の進め方の話からコンピュータと2進数の関係について、ここまで長々と説明してきました。これでやっと「コンピュータの中ではさまざまなデータや複雑な処理のすべてが2進数で表現されている」という話をすることができます。

　繰り返しになりますが、コンピュータは電気信号によって動く機械であり、その中で扱うデータや処理も電気信号で表現する必要があります。その電気信号はON/OFFのみで動作し、2進数を表現することができます。このように何らかの情報をあるルールに従って数値に置き換える動作を**符号化**や**エンコード**と言います。また、符号化されたデータを元に戻す動作を**復号化**や**デコード**と呼びます。

　迫力満点なゲームの画面も、音楽配信サービスで聞いているお気に入りの曲も、誰かがデジカメで撮った美しい夕日の画像も、すべて0と1が並んだデータだと章の最初に述べました。動画や音や画像のデータはすべて符号化されているわけです。しかし、データや処理の種類により符号化の方法は異なります。ここではいろいろな種類のデータがそれぞれどのようなルールで符号化されているのか、ざっくりと見ていくことにしましょう。

bit と Byte

　まず、符号化の方法を見ていく前に符号化されたデータの量の単位について説明しておきましょう。

　「高さ1.5m」や「重さ50.0kg」のように、私たちは単位というものをさまざまなところで自然と用いています。すこし堅苦しい言い方をするなら、何かしらの分量を表すときに基準となるものが単位です。「この長

さを 1m という単位で定める」という基準があり、その 1.5 倍の長さは
1.5m と表現されるわけです。そしてコンピュータが扱うデータ、つまり
それは「2 進数の並び」なわけですが、これにも基準となる単位が存在し
ます。

　まず 2 進数 1 桁を表す単位が **bit（ビット）**です。そして 8 桁を表す
単位が **Byte（バイト）**です。ちなみに Byte は「B」と表記されること
も多いです。例えば 1,024bit のデータなら、0・1 が 1024 個並んだデー
タだということですし、1,024÷8=128B ということです。基本的にコン
ピュータにおけるデータ単位は Byte を用いることが多いです。1Byte
は 8 桁の 2 進数ですから、2^8 で 256 種類のパターンを表現できます。

　ところで、単位の話の最初に「重さ 50.0kg」という例を出しました。
この例では g という単位に k という**補助単位**がついています。補助単位
はある単位の整数倍や $\frac{1}{整数}$ 倍を表すものです。例えば kg であれば、k が
10^3=1000 倍を表す補助単位となっています。これにより例えば 1,000g
の 1,000 の部分を k で置き換えることで 1kg と表現できます。補助記号
を使うことで、桁数の多い量をわかりやすく表現することができます。
100,000g と書かれているより、100kg の方が数量を把握しやすいわけ
です。

　コンピュータのデータ単位にも補助記号を用いることができます。むし
ろ、補助記号を必ず用いると言ってもよいでしょう。コンピュータが扱う
データは複雑なものが多く、それはつまり符号化されたデータの桁数が非
常に多いということです。bit や Byte といった単位をそのまま使うと桁
数が多すぎて人間にはとても読みづらくなるので、補助単位を用いて表記
するわけです。コンピュータで扱うデータの補助単位は主に次ページのよ
うなものがあります。

　私たちが普段使っている補助単位は 10 の乗数ですが、データ量の補助

単位が表す整数倍は 2 の乗数です。これはコンピュータが扱うデータが 2 進数だからです。10 進数で表現されている分量であれば 10 の乗数倍を表す補助単位で桁を切り良くまとめることができます。同じように、2 進数のデータは 2 の乗数倍の補助記号で桁をまとめるわけです。

> K（キロ）= 2^{10}B = 1024B
> M（メガ）= 2^{20}B = $2^{10} \times 2^{10}$B = 1024KB（キロバイト）
> G（ギガ）= 2^{30}B = $2^{10} \times 2^{20}$B = 1024MB（メガバイト）
> T（テラ）= 2^{40}B = $2^{10} \times 2^{30}$B = 1024GB（ギガバイト）

　ちなみにコンピュータの世界では補助単位 K（キロ）を大文字で書くことが通例になっています。一方で 10 進数における 10^3 を表す補助単位は小文字の k で表すことが、国際的な規格（SI 単位系・SI 接頭語）で定まっています。この規格において大文字の K は熱力学温度の単位であるケルビンを表すものとされているため、本当は補助単位として大文字の K を使うのはあまり適切ではありません。コンピュータの世界でデータ量を表す際の暗黙の了解となっています。

文字のデジタル化 ……………………………………………………

　ここからはいろいろなデジタルデータの符号化ルールを見ていきます。筆者はこの原稿をパソコンを使って作成していますが、今まさに書いているこの文字もコンピュータでは符号化されています。文字データを符号化したものを**文字コード**と言います。例えば文字「あ」に何か特定の 16 桁の 2 進数を割り当てておけば、コンピュータで「あ」という文字データを表現したいときには、その 16 桁の 2 進数を作ればよいわけです。文字コードにはいろいろな種類があり、**UTF-8** という文字コードでは「あ」という文字に「11100011100000011000010₍₂₎」という符号が割り当てられています。また、**Shift-JIS** という文字コードでは「1000001010100000 ₍₂₎」という符号が割り当てられていたりします。

　同じ文字が違う 2 進数で表現されているので、例えば UTF-8 として作られた文字データを Shift-JIS のつもりで処理すると、まったく違う文字が表示されてしまいます。このような現象を**文字化け**と言います。

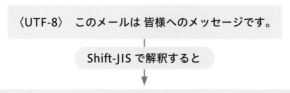

　ここで例に出した UTF-8 や Shift-JIS は、2Byte 以上のデータ量で表現される文字である**マルチバイト文字**を扱うことができる文字コードです。一方、1Byte で表現される文字を **1 バイト文字**と呼びます。**ASCII コード**(→ P.052) は 7bit で文字を表現する文字コードですが、現在のコンピュータの多くはこれに 1bit を加えて 1 バイト文字として扱っています。

　1Byte、つまり 8bit ということは 2^8=256 種類の文字を符号化することができます。アルファベットは大文字・小文字で 52 種類の文字しかなく、数字やよく使う記号類を入れたとしても 256 種類には届きません。こういった文字の文化圏であれば、符号化に用いるデータ量は 1Byte で最低限事足りるわけです。しかし、例えば日本語であれば常用漢字だけで 2,136 文字、ひらがなやカタカナに数字、記号も使いますから、とても

1バイト文字では足りません。また絵文字のような特殊な文字も、最近では世界中でよく使われています。このように多くの種類の文字を扱いたい場合、マルチバイト文字が必要になるわけです。

画像のデジタル化 ●●●●●●●●●●●●●●●●●●●●●●●●●●●●●●●●●●●

　コンピュータにおける画像データ（デジタル画像）は**画素**もしくは**ピクセル**と呼ばれる小さな四角い点の集合で作られています。そして、この画素一つ一つの色情報を数値で表現することで符号化を行っています。デジタル画像の一定範囲に含まれる画素の数を、その画像の**解像度**と言います。当然ながら、解像度が高いほどたくさんの画素を使って細やかに画像を描画できるため、なめらかに見えます。

解像度：低 ⟵   ⟶ 解像度：高

　それぞれの画素の色は**RGB**という色の表現方法で定義されています。RはRed、GはGreen、BはBlueのことで、赤・緑・青という**光の三原色**（→ P.052）をそれぞれ足し合わせることでさまざまな色を作ります。実際はコンピュータの画面の光具合によって、RGBそれぞれの濃淡を調整しています。このような方法を加法混色と言います。

　ある画素に着目してみましょう。例えばこの写真の花の部分にある青紫色の画素はRが183・Gが199・Bが255という数値で表現されています。これは例えば「赤を183ぐらいの強さで光らせる」ということを示しています。ここで示した数値は10進数で表現されていますが、もち

ろんコンピュータの中ではそれぞれが2進数で符号化されています。この画素だと 10110111 11000111 11111111 (2) となり、16進数で表すなら B7C7FF (16) です。この値のことを**画素値**と言います。

　この画像では RGB それぞれの濃淡が 8bit ずつのデータ量で表現されているので、画素1つのデータ量は 8×3=24bit となります。このような色表現を 24bit カラーと言い、他にも 8bit カラーや 32bit カラーなどがあります。24bit カラーの場合、RGB それぞれの濃淡は 8bit で 2^8=256 種類表現できることになります。この RGB それぞれの濃淡の段階を**階調**と言い、今回の画像であれば 256 階調ということになります。RGB それぞれが 256 種類あるということですから、256×256×256=16,777,216 色の色を作り出すことができるわけです。このように一つ一つの画素の集合で表される画像を**ビットマップ画像**と言います。今回使った青い花の画像全体の画素数は 1920*1080=2,073,600 です。この各画素が 24bit の情報を持っているので 2,073,600×24=49,766,400bit=6,220,800B≒5.9MB 程度のデータ量となります。

音のデジタル化

　何かしらの音を出すと、周りの空気が押されて揺れ動きます。押された部分の空気の圧力は強くなり、そしてまた近くの空気を押して…と繰り返

されることで空気の圧力の波が作られます。この波が音波であり、空気中を伝わってきた波で人間は音を知覚します。つまり、音という情報をコンピュータで扱うにはこの空気の圧力の波を符号化すればよいわけです。そこでまずは空気の圧力の波をマイクなどの機器で検知し、電圧の波に変換します。音が鳴っている時間中に変化する空気の圧力を、電圧の変化に置き換えます。

電圧は「1Vの次は2V」のような値ではなく、その間に例えば1.21411280211…Vのように、原理上は無限の細かさでなめらかに連続した値が存在しています。さらに言うなら時間も同じで、1秒と2秒の間には無限の細かい連続値が存在しています。このように、なめらかに連続の値で構成されているデータを**アナログデータ**と言います。一方でコンピュータが扱う2進数で表現されたデータは**デジタルデータ**と言います。デジタルデータは無限の細かさで値を表現することはできず、飛び飛びの**離散値**という形で扱います。1.21411280211…Vと無限に続く数値を2進数で表現しようとすると無限の桁が必要になります。つまり無限の個数のON/OFFスイッチが必要なわけですが、それは不可能です。コンピュータではスイッチが8つなら2進数8桁、つまり8bitの情報という用に有限の値しか扱えないのです。電圧と時間もアナログデータですから、そのままでは扱えません。そこで標本化（サンプリング）と量子化という作業を行っていきます。

まず**標本化（サンプリング）**は「ある一定間隔でデータを取り出すこと」で、ここでは時間を有限の形に変換する動作と言えます。この取り出されるデータのことを**標本**と言います。例えば一定間隔として0.001秒に1回、標本を取ると決めたとしましょう。そうすれば0秒の次は0.001秒ですし、その次は0.002秒という離散値になります。標本を0.001秒に1回取るということは、1秒間には1000回取ることになります。このような「1秒間に標本を取る回数」のことを**標本化周波数（サンプリング周波数）**と呼び、単位は**Hz（ヘルツ）**です。この例なら1000Hz=1kHz

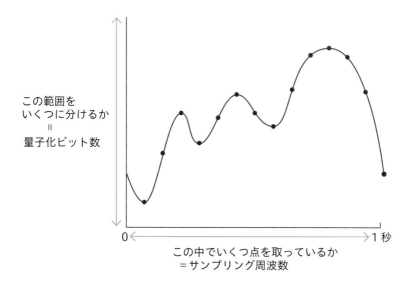

この範囲を
いくつに分けるか
＝
量子化ビット数

0 ←————————————————————→ 1秒

この中でいくつ点を取っているか
＝サンプリング周波数

となります。ここでの1000回というのは10進数で進む数ですから、補助単位 k は 10^3 となります。

　次に**量子化**は「取り出した標本の値を有限の桁に表現し直すこと」で、音のデジタル化では電圧の値を有限の形に変換する動作と言えます。例えば 1.21411280211…V を 1.2V というように、有限の桁で表せる近い値（近似値）に変換します。これなら有限桁の2進数でも表すことができるわけです。量子化を何桁の2進数で表現するかを表すのが**量子化ビット数（サンプリングビット数）**です。例えば量子化ビット数が 8bit ならば、サンプリングで得られた標本を $2^8=256$ 段階の数値で表現できます。もちろん量子化ビット数が多いほど細かな段階で数値を表現できるので、元のアナログデータに近い値を取ることができます。

　標本化と量子化によって、元々は空気の圧力の波だった音の情報を、有限の時間ごとの有限の電圧値に変換することができました。あとは音が鳴っていた時間の間で取れた複数の標本ごとの、量子化された電圧の値をまとめて2進数のデータとして扱えばよいわけです。例えば5秒間の音

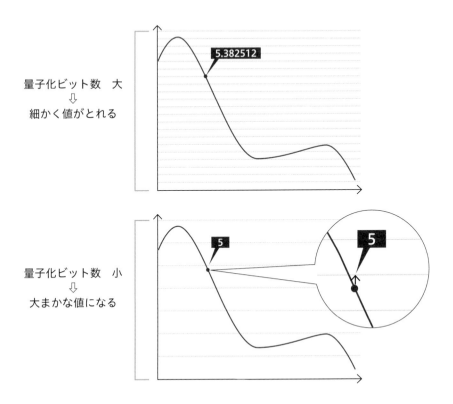

量子化ビット数　大
⇩
細かく値がとれる

量子化ビット数　小
⇩
大まかな値になる

をサンプリング周波数 48,000Hz、量子化ビット数 8bit でデジタル化した場合、5×48,000×8=1,920,000bit=240,000B≒234KB 程度のデータ量となります。

動画のデジタル化 ••

　配信サイトなどで見ることのできるさまざまな動画の原理は「パラパラ漫画」です。少しずつ変化している複数の静止画像を連続して順に見ることで、動いているように感じているのです。動画を構成している静止画像の 1 枚 1 枚を**フレーム**と言い、1 秒間が何枚のフレームで構成されているかを表すのが**フレーム数（フレームレート）**です。当然、フレームレートが高いほどカクカクしない、なめらかな動画になります。フレームレートは **fps**（frames per second）という単位で表され、例えば 30fps

なら 1 秒間に 30 枚のフレームが順に表示されることになります。

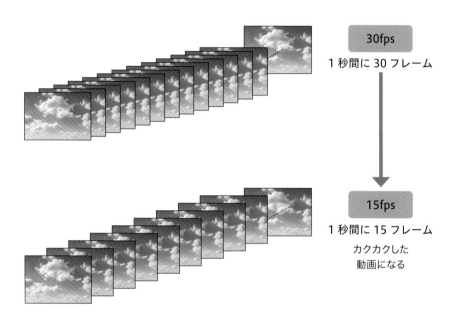

30fps
1 秒間に 30 フレーム

15fps
1 秒間に 15 フレーム
カクカクした
動画になる

　画像のデジタル化についてはすでに説明した通りです。動画は静止画像の連続で作られているので、つまりデジタル化した画像データを順に並べれば、動画のデジタル化を行うことができるはずです。ここで問題になるのが、データ量の肥大化です。画像 1 枚をデジタル化するだけでも、それぞれの画素の値を例えば 24bit 使って表現する必要があります。もちろん、1 枚の画像は多くの画素によって作られていますから、画像全体を表す 2 進数の桁数はそれなりの量になります。動画ではその画像が何枚もあるわけですから、データ量はさらに大きくなります。

　動画データのデータ量を減らす方法としては、まず fps を下げることが考えられます。フレーム数が減れば、もちろん全体の bit 数も減るわけです。しかし fps が下がれば動画がカクカクしてしまうデメリットがあ

ります。また、フレーム自体の解像度を下げるという方法もあります。YouTube などでは動画の設定から画質を変更することができますが、あれは各フレームの解像度を変更しています。解像度が下がれば保持しておく画素数が減りますが、画質が荒くなってしまいます。他には、フレームとフレームの間で変化している部分のみをデータとして持っておくという方法もあります。こちらも保持しておく画素の数を減らすことができますし、解像度を下げているわけではないので画質もほぼ下がりません。ただし動画全体がずっと大きく変化しているような場合にはデータ量を思うように減らすことができないという問題もあります。

データ圧縮

　動画のデジタル化で少し触れましたが、2 進数で表現されるデジタルデータはどうしても bit 数が増えやすく、データ量が大きくなりがちです。そこでデータの情報をできるだけ保ったまま、データ量を減らす技術が必要になります。これを**圧縮**と言います。「できるだけ保つ」と説明しましたが、完全にすべての情報を保つ圧縮方法を**可逆圧縮**と言います。一方、支障がない程度に情報を捨てる圧縮方法を**非可逆圧縮**と言います。大抵の場合、非可逆圧縮の方がデータ量を多く減らせますが、情報を捨てているため圧縮前のデータに戻すことはできません。

　可逆圧縮の例として、ハフマン符号化について簡単に説明します。ハフマン符号化は「よく出現するデータの bit を短く・あまり出現しないデータの bit を長くする」という圧縮方法です。例えば A・B・C・D という 4 種類の情報が組み合わさってできた「AACACAADB」というデータについて考えてみます。このデータではそれぞれの情報を 2bit で表現しているとします。つまり A=00、B=01、C=10、D=11 という具合です。すると元のデータを単純に符号化すると「00 00 10 00 10 00 00 11 01」で 18bit となります。ここで元データでは A という情報が 5 回出てきています。一方で B と D は 1 回しか出てきていません。そこでよく出てくる A を少ない bit 数で表現してやります。

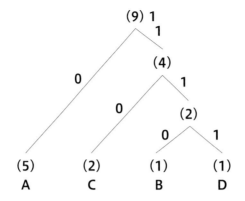

　この図のように、出てくる回数が少ない情報同士を順にペアにしてつないでいきます。この例だとBとDがペアになります。ペアになった情報の出現回数を足し合わせ、新しい点を作ります。この場合はBとDのペアから2という回数の点ができます。次に残りの情報の出現回数と新しくできた点の中で、また回数が少ないもの同士をペアにします。Aが5回、Cが2回、BDからできた点が2回ですから、CとBDからできた点がペアになり、4という回数の点ができます。これを元の情報がすべてつながるまで繰り返します。このような点とそれらをつなぐ線でできた構造を「木構造」と言い、ハフマン符号化で作られる木構造を「ハフマン木」と言います。木構造における点のことを節（ノード）と言い、節同士をつなぐ線を枝（エッジ）と言います。

　ハフマン木ができたら、それぞれをつないでいるエッジに0と1を割り当てていきます。そして上から順に、元の情報へ向かって枝をたどって行きます。例えばAなら一番左の枝を一度たどれば到達します。木の枝には0が割り当てられているので、情報Aには0という符号を割り当てるという具合です。これにより、A=0、B=110、C=10、D=111となり、これにより元の情報を符号化すると「0 0 10 0 10 0 0 111 110」の15bitとなります。情報を捨てることなく、3bit圧縮することができました。

Chapter

コンピュータのしくみと構成

この章で学ぶ主なテーマ

コンピュータの5大装置
ハードウェアとソフトウェア
オペレーティングシステム（OS）

「身近なモノやサービス」から見てみよう！

　みなさんは普段パソコンとスマートフォンのどちらを使うことの方が多いでしょうか。筆者は仕事柄、パソコンを使う時間の方が長いのですが、わざわざパソコン一式を家に置かないという人も多いように思います。総務省の調査によると、情報通信機器の世帯保有率はパソコンよりスマートフォンの方が多いそうです。また、iPadのようなタブレット端末の保有率も増加傾向にあります。

　もしかすると、パソコンやスマートフォン・タブレットはそれぞれ「別物」と思っている人もいるかもしれませんが、これらはすべて同じく「コンピュータ」です。コンピュータは漢字で書くと電子計算機、つまり電気によっていろいろな計算をする機械全般を指す言葉です。パソコンもスマートフォンもタブレットも、その中で何をしているのかを紐解いていくと「電気によっていろいろな演算をしている」に集約されます。使っている側からすると別物のように感じるかもしれませんが、言ってしまえば中身は同じなのです。

　少し話がずれますが、この「電気によっていろいろな演算をしている」ものをコンピュータと呼ぶようになったのは最近のことで、もともとは「計算手」という人たちを指す言葉でした。計算手というのは

企業や研究機関などにおいて、複雑で大規模な計算を分担し手動で行う職業です。昔はたくさんの人が手動で計算を行っていたのです。時代が進み、この計算動作を電気的に行えるしくみが開発され、「コンピュータ」もそれらを指す言葉に変わっていったのです。

　パソコンやスマホなどのコンピュータはハードウェアとソフトウェアの両輪で成り立っています。物理的な機械の部分と、それら機械をどう動かすかの指示書部分と捉えてよいかもしれません。スマホやタブレットにおける「アプリ」という言葉もソフトウェアとほぼ同義です。例えばスマホでゲームアプリをタップして起動したとき、「画面にゲーム画像を表示」「スピーカーでログインボイスを再生」「スマホに保存しているデータ読み込み」などのいろいろな処理が行われます。これはアプリ、つまりソフトウェアの示す指示書に従って、スマホの画面やスピーカー、データを保存している記憶装置といったハードウェアがそれぞれ適切に動くことで実現しているのです。

　「電気によっていろいろな演算をする機械」と聞いて、もしかするとゲーム機を思い浮かべる人もいるかもしれません。Nintendo Switch や PlayStation 5 のようなゲーム機は「ゲームをするため」の機械で、パソコンやスマートフォンと比べると汎用性は低いですが、確かにコンピュータです。派手なムービーを画面に表示したり、コントローラー、つまりハードウェアからの入力を受け付けてキャラクタを動かしたり…電気の力でいろいろな計算をすることで、さまざまな動作を実現しています。これはまさにコンピュータなわけです。

　この章ではコンピュータが動くしくみをざっくりと説明していきます。先に述べた物理的な機械部分と指示書部分、つまりハードウェアとソフトウェアについて説明しながら、現在の電気的なコンピュータについて学んでいきましょう。

2-1

コンピュータの5大装置

　コンピュータ、つまりパソコンやスマホやタブレットなどの電子計算機には当然ながら膨大な量の部品が使われています。当然ながら小さなねじ一個や導線一本それぞれにも大切な役割があります。しかしもっと大まかに、例えば「演算をするところ」や「人にデータを見せるところ」のように、処理の塊で分けると、コンピュータを構成する機器や部品はざっくり5つに分類されます。この5つを**コンピュータの5大装置**と呼びます。

5大装置とそれぞれの相互関係

　5大装置とは「演算装置」「制御装置」「記憶装置」「入力装置」「出力装置」の総称です。それぞれが大まかな処理ごとの装置全体を指す言葉なので、例えば「入力装置」というただ一つの機械があるわけではなく、入力に関わるさまざまな機械や部品がここに分類されます。また、記憶装置はその中で「補助記憶装置」と「主記憶装置」に細分化されます。

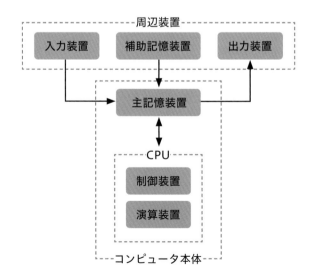

　これらの装置のうち、コンピュータ本体を構成するのは演算装置・制御装置・主記憶装置の3つです。演算装置と制御装置を合わせて**中央演算処理装置**や **CPU**（Central Processing Unit）と呼び、コンピュータの中心的な装置になります。よく「コンピュータの頭脳」などと言われますが、実際に演算をしたり、どの装置を動かすか制御したり、確かに人間の頭脳のような働きをしている部分です。

　一方で入力装置・出力装置・補助記憶装置はまとめて周辺装置と呼びます。周辺装置はコンピュータと人間の橋渡しをしたり大きなデータを保管しておいたりする、補助的な立ち位置の装置です。

演算装置・制御装置（CPU）

　コンピュータにおける複雑な処理も、突き詰めれば「電気によっていろいろな演算をしている」ということだと先に説明しましたが、**演算装置**はまさにこの演算を行っている部分になります。例えば2進数の足し算を行う加算器などは、この演算装置に含まれます。電気の ON/OFF、つまり1・0の信号からどのようにいろいろな演算を行っているかは、次の章で説明します。

　制御装置は文字通り、「他の装置の制御を行っている装置」です。「制御」というのは機械や装置などを目的どおりに動作するよう調整することで、ざっくりと言えば「ここを動かして」「こっちで演算して」というように装置へ指示を出すところです。先の演算装置を制御することで何かしらの演算が実行されたり、後から説明する記憶装置を制御することでデータが取り出されたりします。各々の処理自体を行うのはあくまで他の装置で、制御装置はそれらに適切な処理を行ってもらうために調整する装置ということです。

　演算装置と制御装置を合わせて中央演算処理装置や CPU、もしくは単にプロセッサと呼ぶこともあります。CPU は「コンピュータの頭脳」と

言われると書きましたが、「作業をする人」にもよく例えられます。制御と演算が合わさって「何かの処理を行って結果を得る」ことができるわけで、これを「作業をする人」に例えています。この人（CPU）は足し算をしようと思ったり（制御）、実際足し算をしたり（演算）するわけです。

作業する人：CPU（or コア）

・現在の作業（演算や制御）をする
・コアが複数ある＝人が複数いる

CPUにはいろいろな種類があり、例えばIntelという企業が製造しているCPUにはCorei3やCorei5、Corei7、Corei9といったようなものがあります。どのCPUも演算装置・制御装置としての機能はもちろん備えていますが、その性能に違いがあります。性能が高いCPUは演算のスピードが速かったり、たくさんの演算を並行して処理できたりします。CPUの性能を見る指標として、コア数・スレッド数・クロック数があります。これを先ほどの「作業する人」で説明すると、コア数は「作業する人の人数」です。コア数が多いほど作業する人数が多いわけですから、処理する効率も高くなりやすいです。スレッド数は「作業する人が担当できる作業数」です。1つの作業だけする人より、2つ、3つと作業できる人の方が効率が良くなります。クロック数は「作業する人の作業スピード」です。ゆっくり作業するより、早く作業をする人の方が作業が早く終わりますから、やはり効率が良くなります。基本的にはコア数、スレッド数、クロック数の数値が大きいほど、性

能の良い CPU ということになります。

主記憶装置（記憶装置）

主記憶装置は「メインメモリ」とも呼ばれます。もしくは単に「メモリ」とだけ呼ばれることも多いです。5大装置である記憶装置をさらに細分化したもののうちの一つで、演算装置・制御装置と主記憶装置が合わさってコンピュータの本体となります。つまりコンピュータで何か処理を行うにあたって、演算装置・制御装置と並んで必須の装置ということです。

　主記憶装置は「実行する処理に必要な情報」を一時的に記憶する装置です。例えば「A+B の足し算をする」となったとき、足し算自体は演算装置で行われます。また、その演算装置に対して足し算をするために動くよう調整をするのは制御装置です。しかし、そもそも「足し算をする」という動作の指示がなければ、制御装置も動けません。何もないところから、制御装置が勝手に「足し算をしよう」と動き出しはしないのです。この「足し算をする」という動作の指示を記憶しているのが主記憶装置です。さらに A+B の足し算を実行するために必要な A というデータ、B というデータも主記憶へ記憶されます。CPU は主記憶にある指示や必要なデータを読み取って動き出すのです。

　先ほどの「作業する人」という例え話に合わせれば、主記憶装置は「作

業机」と言えます。作業する人が作業机の前に座っていて、この机の上に
ある指示書に従い、この机の上にある道具を使って処理を行うのです。
A+Bの足し算をするという指示書を見て、A、Bのデータという道具を使っ
て、作業する人が実際に足し算をするというわけです。

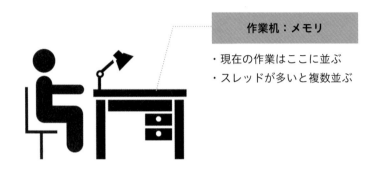

作業机：メモリ

・現在の作業はここに並ぶ
・スレッドが多いと複数並ぶ

　主記憶装置のサイズは最近では大体 4GB 〜 32GB あたりが主流です。
GB（ギガバイト）は 1 章で説明した通り、データサイズの単位です。作
業机の上に最大でどれぐらいの量の 2 進数データを広げることができる
か、つまりメインメモリに記憶することができるかを表しています。サイ
ズが大きいほど多くのデータを記憶できるので、性能が良いということに
なります。

補助記憶装置（記憶装置）

　ここからは周辺装置の説明になります。まずは**補助記憶装置**で、これは
5 大装置の記憶装置を細分化したもう片方です。主記憶装置と名前が似て
いますし、どちらも大きな枠組みで見れば同じ「記憶するための装置」で
すが、コンピュータの動作への関わり方は大きく違います。

　先に例えを出してしまうと、補助記憶装置は机の隣においた「ファイル
棚」です。メインメモリである作業机には、作業をする人が今の作業に必
要なものを広げています。しかし作業を進めるうちに、別の指示書や資料・

ファイル棚：補助記憶装置

・保存し続けるデータが入る
・必要に応じて作業机に出す

道具が必要になることもあります。それらは机の隣のファイル棚に入っていて、作業をする人はそこから必要なものを取り出して作業机の上に広げるわけです。逆に、作業が終わって完成した資料などを作業机からファイル棚に移動させて保管したりもします。

　補助記憶装置には例えば**HDD**（Hard Disc Drive）、**SSD**（Solid State Drive）、**USB メモリ**などがあります。スマートフォンを買うときに 256GB・512GB のような容量サイズ別の商品展開をよく見ると思いますが、これは補助記憶装置のサイズを示していて、ストレージサイズなどとも呼ばれます。時折、メモリとストレージを混同しているような表現を見ますが、メモリは先に説明した主記憶装置のことです。主記憶装置（メモリ）のサイズが 512GB だとしたら、恐ろしく高価な機器になってしまいます。とてもではないですが一般人が扱うようなものではありません。

USB メモリ

HDD

　補助記憶装置は書類ファイルや写真ファイル、ゲームに必要なデータなど、さまざまな「容量の大きいデータ」を記憶し保管する装置です。作業机の例で説明した通り、いろいろな処理をコンピュータが行う上で、必要になるデータはたくさんあります。写真を画面に表示したいとなれば、画面に適切な色を表示するような処理の指示や、もちろん表示すべき写真そのもののデータも必要になります。しかしコンピュータには写真を表示する処理以外にもたくさんの処理がありますし、写真データ以外にもたくさんのデータがあります。それらをすべて広げておくほど作業机は広くない、つまりメインメモリの容量は大きくありません。なので、そういった指示やデータは補助記憶装置に保管しておいて、必要になったら取り出すことでいろいろな処理を行っているわけです。

入力装置・出力装置 ……………………………………………………

　入力装置・出力装置はコンピュータと人間の橋渡し的な役割をする装置です。**入力装置**には、例えばキーボードやマウス、カメラ、マイク、スマートフォンのタッチパネルなどがあります。一方で**出力装置**の例としては液晶画面やスピーカー、プリンターなどが挙げられます。入力装置は「外部からコンピュータへ情報を伝えるための装置」で、出力装置は逆に「コンピュータから外部へ情報を伝えるための装置」です。これらの装置を合わせて入出力装置とも呼びます。

　スマートフォンのタッチパネルを入力装置の例として出しましたが、正確には入出力の両機能を持った装置と言うべきでしょう。人間の指が画面をタッチしたことを検知して、その場所に映っているアイコンや文字に合わせた動作を実行する部分は入力装置としての役割です。一方で、そもそもアイコンや文字などを画面に表示して人間に読めるようにしている部分は出力装置としての役割と言えるでしょう。

　５大装置のうち、コンピュータの本体は CPU および主記憶装置のみであると先に説明しました。しかし、例えばスマートフォンにタッチパネル

がなく、ただの金属の板のようなものだったとしたらどうでしょう。おそ
らく人間にはそれをスマートフォン、つまりコンピュータとして扱うこと
はできません。なのに、入出力装置はコンピュータ本体ではないと言うの
は違和感があるかも知れません。しかしコンピュータとはあくまで「演算
をする装置」のことで、演算という動作自体を直接作り出しているのは演
算装置・制御装置・主記憶装置のみです。タッチパネルから入力される信
号を初めから主記憶装置に記憶させておけば、人間がタッチパネルを押さ
なくても「演算という動作を生成する」ことは可能です。ですから、演算
する装置に必要な最低条件は演算装置・制御装置・主記憶装置のみになる
のです。ただし、もちろんコンピュータは「人間が使う道具」ですから、
人間の動作を反映できないような構造は現実的には使い物になりません。
なので実際に私たちが使う、現実的なコンピュータには入出力装置や補助
記憶装置がほぼ必ず付随しているわけです。

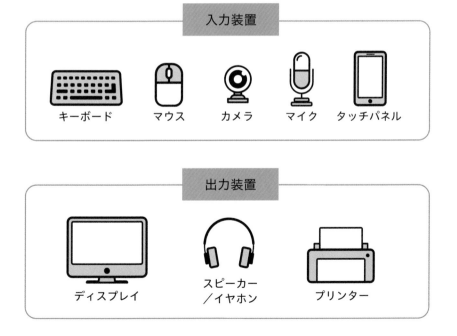

2-2

ハードウェアとソフトウェア

　ここまで、コンピュータの構造を5大装置という枠組みで説明してきました。これは機械、つまり**ハードウェア**の部分についての枠組みです。しかしコンピュータが実際に動作する際にはハードウェアをどう動かすかを示す指示書、つまり**ソフトウェア**も必要です。

　ソフトウェアはコンピュータのハードウェアを動作させる命令や、その命令に必要なデータの集まりを指す言葉です。また、この命令の記述を**プログラム**と呼びます。つまりソフトウェアは動作の指示書であるプログラムおよび動作に必要なデータをまとめたもののことです。みなさんもゲームやSNSのアプリを使ったことがあると思いますが、これらはアプリケーションソフトや応用ソフトウェアと呼ばれるソフトウェアの一種です。アプリを起動すると、そこに書かれた命令、つまりプログラムに従って各ハードウェアが動作してゲームやSNSの機能が実行されるわけです。

コンピュータにおけるデータの流れ

　コンピュータで何かしらの処理を行う際には、先に説明した5大装置の間でさまざまなデータがやりとりされています。例えば人が入力装置を使って何か入力動作を行えば、そこから入力データが主記憶装置へ流れていきます。スマートフォンのパネルにタッチすれば、触れた場所に表示されていたアイコンのアプリが起動しますが、これはもちろん、コンピュータが何かしらの処理、つまり演算を行っているからです。先に説明した通り、コンピュータが行う演算に必要なデータや処理内容は主記憶装置に格納されていないといけません。つまり入力装置から入力されたデータを使って何か処理を行うなら、そのデータは主記憶装置に送られなければいけないのです。このようなコンピュータが動作する上で必要なデータの流れを図で表すと次のようなものになります。

◆ コンピュータの5大装置とデータの流れ

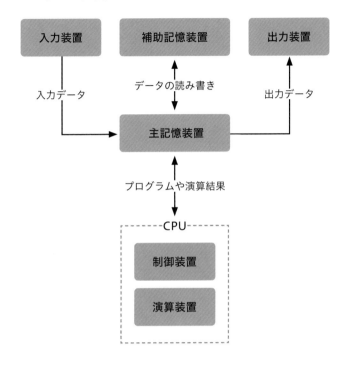

　中心となるのは主記憶装置で、行いたい動作や演算に関わるものはとにかくここへ記憶させます。例えば入力装置からやって来る入力データは主記憶装置へ記憶され、そのデータを制御装置や演算装置が使うことで処理が行われます。

　ところでソフトウェアにおける命令の記述がプログラムであると言いましたが、このプログラムも「命令が記述されたデータ」です。画面に表示する・文字入力を受け付ける・足し算をする…といったさまざまな命令を組み合わせた「プログラムのデータ」が主記憶装置に記憶され、それが制御装置に読み込まれます。制御装置はプログラムのデータを読み、その記述に従った動作をハードウェアに行うよう制御信号を送ります。この一連の流れによって、ソフトウェアの指示書に従ってハードウェアが動作する、

つまりコンピュータで処理を行うということができるわけです。

　制御装置がプログラムに従って制御信号を送ると、演算装置が動作して実際の演算を行い、その結果が再び主記憶装置に書き込まれます。また、演算をする際に必要なデータが他にもあれば、それも主記憶装置に記憶させた上で演算装置が読み出します。例えば補助記憶装置に保存していた画像データに何か加工をするとしたら、画像のデータを主記憶装置へ書き込んで、それを演算装置が読み込んで加工に必要な処理を行います。そして処理が終わったデータを再び主記憶装置に書き込むことで、加工済み画像データを補助記憶装置へ保存することができるわけです。加工済み画像データを液晶画面、つまり出力装置へ表示させたいなら、再びそのデータを主記憶へ書き込み、CPU から指示を出して出力装置へ送ります。とにかく何か処理を行いたいデータはいったん主記憶へ持ってくる、そこからCPU が指示をするというのが基本です。

CPU と主記憶装置

　コンピュータの処理の要は演算装置と制御装置および主記憶装置です。これらの中身を少しだけ詳しく見てみると次の図のようになっています。

　最初に用語を説明しておきます。まずは主記憶装置の**アドレス**です。番地などとも呼ばれますが、これは主記憶装置におけるデータの格納位置を表す数値で、例えるならデータを入れる箱についた通し番号です。主記憶装置はある一定の bit のデータが入る箱が並んだような構造をしていて、この箱にデータが格納されます。そして箱それぞれを表す番号がアドレスです。多くの場合、一つの箱のサイズは 8bit=1Byte です。また、アドレスも数値（2 進数）で表現されているので、もちろん桁数の上限があります。アドレスが 32 桁の 2 進数による通し番号だとすると、箱の数は 2^{32} 個、それぞれの箱のサイズが 1Byte ですから主記憶装置全体は 2^{32}Byte で約 4GB となります。

　制御装置や演算装置にある**レジスタ**は、小さな記憶媒体です。処理に使ういろいろなデータは主記憶へ書き込まれると先に説明しましたが、そこからさらに「今この瞬間の制御や演算に使うデータ」がそれぞれのレジスタに書き込まれます。作業机の例えで言うなら、机の上に広げられた書類の中から、今まさにペンで書き込みをしようとしている書類 1 枚を手元に持ってくるようなイメージです。書き込むデータの書類によって別々のレジスタが用意されています。命令レジスタは今まさに実行するプログラムを書き込む場所、アドレスレジスタは命令レジスタの中身を実行する際に、例えば何か他のデータを参照する必要が出たとき、そのデータがある主記憶のアドレスを格納する場所です。演算装置のフラグレジスタは少しややこしいですが、演算装置が何か演算をしたとき、その結果が 0 のときにはゼロフラグ（ZF）というものが記憶されて、「演算結果が 0 だった」ということを記憶しておくような場所です。2 つのデータ A と B の大きさ比較をするようなとき、A-B の演算を行ってゼロフラグが立てば、A

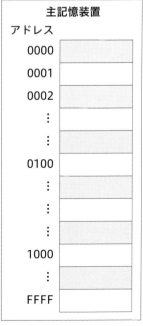

とＢは等しいという判断をすることができます。フラグには他にも種類
があって、例えば演算結果が負になったときのサインフラグ（SF）など
もあります。汎用レジスタは、名前の通り状況に合わせて汎用的に使える
記憶領域です。例えば演算の結果をいったんここに記憶しておき、また次
にその値を使って別の演算を行うような仮置き的な使い方があります。

　制御装置にあるプログラムカウンタは、先に説明した命令レジスタへ読
み込むプログラムが主記憶のどこにあるかを指し示すためのレジスタで
す。プログラムは一つの処理だけでは終わらないため、まずプログラムカ
ウンタの示すアドレスに書かれたプログラムを実行し、次に続きのプログ
ラムをまた読みに行きます。プログラムカウンタは次々に続きのプログラ
ムがある場所を示すために、カウンタのようにアドレスの数値を進めてい
きます。

　制御装置の命令デコーダは命令レジスタに書き込まれたプログラムの内
容を解釈するための装置です。プログラムに書いてある処理がどのような
ものかを把握して、その処理に必要なハードウェアの動作を決定します。
そしてその決定した動作を行うように、各装置へ制御信号を送ります。ア
ドレスデコーダは命令に関わるアドレスを解釈して、読み出しや書き込み
を行うべき場所を選択するための装置です。

　そして、演算装置の演算回路は、まさに名前の通り演算を行うためのハー
ドウェアです。例えばここには加算回路と呼ばれる機構が組み込まれてい
ますが、この回路を使うと足し算を行うことができます。加算を行うプロ
グラムがプログラムレジスタに読み込まれたとすると、それをデコーダが
解釈し、加算回路へ加算を行うよう制御信号を発します。そして加算回路
によって得られた加算結果が、汎用レジスタに一時保存されたりするわけ
です。

機械語と高水準言語 ●●●

　CPU と主記憶装置の中身について少しだけ詳しく見てみましたが、その中で「プログラムや処理に必要なデータが主記憶装置の中に格納されている」と説明しました。この主記憶装置に格納されているプログラムは**機械語**（⇒ P.076）と呼ばれるもので記述されています。1 章でコンピュータの中ではすべてのデータが 2 進数で表現されているという話をしましたが、つまりプログラムも 2 進数で表現される必要があります。コンピュータにとっては「画面に表示して」という日本語より「0100010100…」のような 2 進数の方が理解できる（というよりそれしか処理できない）のです。このようなコンピュータ、さらに言うなら CPU が解釈や実行をすることができる言語を機械語と呼びます。

　機械語で処理の内容を主記憶へ直接書き込めば、もちろんそれを CPU が解釈して実行します。しかし、0 と 1 の羅列のみで表現される言語を使って何かを記述するというのは、人間にとって非常に難しい行為です。例えば画面に表示するという指示を「0110101011110101010111011010000110…」のような長々とした 2 進数（ここでは完全に意味のない 2 進数を並べていますが…）で書くより、「print()」のような言葉で書いた方が簡単です。ですが逆に、この print() という語をそのまま CPU で処理することはできません。人間にとって解釈しやすい表現が、コンピュータにとってもそうとは限らないのです。そこで、人間にとって書きやすい言語を使って処理内容を記述し、それを機械語に翻訳して主記憶へ書き込むということが行われます。この「人間にとって書きやすい言語」がプログラミング言語、特に高水準言語や高級言語と呼ばれるものです。先の例で言えば、「print()」という表記が高水準なプログラミング言語での記述方法なわけです。このような高水準のプログラミング言語については、後の章で触れていきます。

　機械語のプログラムは主記憶装置のアドレスが振られた箱、記憶領域に

格納されています。1つのアドレスが振られた記憶領域のサイズが1Byteだとすると、そこには2進数8桁が格納できるということになります。この桁数でなんとなく想像が付くかもしれませんが、実は機械語で書かれたプログラムの一つ一つはとても単純な処理しか表現していません。例えば「主記憶の中のデータを1つ持ってくる」であったり、「あるデータ同士を足す」であったり、それぞれは人間でもすぐできるような処理ばかりです。「何かを画面に表示する」という処理は、人間目線からすればたった1つの処理のように思えるかもしれませんが、コンピュータはこの処理を先に言ったようなたくさんの単純な機械語のプログラムを組み合わせることで実行しています。コンピュータを使っていると、人間にできないような複雑な処理を行っている「すごい機械」のように思えるかもしれませんが、そんなことはありません。むしろコンピュータが行える処理、つまり機械語の処理はとても単純です。コンピュータが「すごい機械」に見えるのは、この単純な処理を人間には不可能な速度で大量に行っているからです。単純な処理でも、それをたくさん集めれば複雑な処理を作ることができます。そのたくさん集めた処理をものすごいスピードで実行できるところが、コンピュータのすごさなのです。

オペレーティングシステム（OS）

　ここまで、ハードウェアとソフトウェアの両輪でコンピュータが動作するということを説明してきました。主記憶装置に記憶された機械語のプログラム、つまりソフトウェアに従って制御装置がハードウェアへ指示を送り、各々の装置が動きます。機械語の一つ一つは単純ですから、この一連の動作を大量に行うことで、コンピュータは複雑な処理を実行しています。しかし、ここで一つ問題が発生します。コンピュータは人が使うものですから、もちろん「何か処理をしたい」と最初に思うのは人です。例えば「画面に画像を表示したい」と思ったとしましょう。人はコンピュータにこの処理をさせなければならないので、そのための指示を作成し、それを実行させなければなりません。しかし機械語の命令は非常に単純で、画面に画像を表示させるための指示を作成しようとすると、ものすごい量の2進数を記述する必要が出てきます。その単純な命令群で、ハードウェアのこまごまとした動作をすべて記述しなければいけないのです。そんなことはとてもできませんし、実際に私たちがコンピュータを使うときにも行っていません。こんなことを考えずにコンピュータを使えているのは、実は**オペレーティングシステム（OS）**と呼ばれるソフトウェアがあるからです。

OS の必要性 ………………………………………………………

　「OS と呼ばれるソフトウェア」と書いた通り、オペレーティングシステムもプログラムです。つまり、ハードウェアを動かすための指示書ということです。では OS にはどのような指示が書かれているのでしょうか。簡単に言うと、OS はハードウェア動作を一括管理する交通整理の役割を担っています。先に説明した通り、コンピュータに実行させたい処理の内容を機械語レベル、ハードウェアの制御レベルですべて記述することはとても難しいことです。当然、技術者でもない一般のユーザには不可能と言ってよいでしょう。ならどうするかというと、コンピュータを使う上で必要そうなハードウェアへの指示の塊を先に作っておいて、使いたいときには

それを呼び出すようにするのです。また、複雑な処理を行う際にはたくさんの単純な機械語の命令が呼び出されますが、その際にどのハードウェアをどの命令にどれだけ・どのように使わせるかといった、ハードウェアの制御を管理するようなプログラムも作っておき、それを常に動作させておくのです。これにより、人間側は画像ファイルをダブルクリックしたりタップしたりするだけで、用意されていた「画像を画面に表示する」プログラムを呼び出すことができます。長々とした2進数を毎回書いて、すべてのハードウェア制御を一から行う必要がなくなるわけです。こういった機能をまとめた、いわば「コンピュータを使うための基本ソフトウェア」がOSなのです。

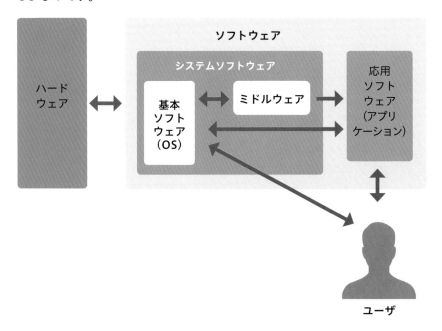

OSとアプリケーション

パソコンのスイッチを付けると、最初にOSが実行されます。正確に言うとその前に**BIOS**（バイオス・Basic Input Output System）というものが起動して、最低限のハードウェア制御を行った上でOSを実行しま

す。OSとは、例えば「Windows」や「MacOS」と呼ばれるものです。スマホやタブレットのOSには「Android」や「iOS」、「iPadOS」などがあります。

　OSはあくまでコンピュータを使うための基本ソフトウェアですから、例えばスマートフォンのゲームアプリのようなソフトウェアとは種類が違います。ゲームや書類作成など、何か特定の目的を持ったソフトウェアのことを、OSと区別して**アプリケーション**や**応用ソフトウェア**と呼びます。スマートフォンの「アプリ」はこのアプリケーションという語の略です。

　アプリケーションはOSが実行されていることを前提として動くソフトウェアです。どういうことかというと、アプリケーションは自身が動作するコンピュータのハードウェアを直接は制御せず、その部分はOSに依頼して肩代わりしてもらっているのです。OSの必要性のところで画像を画面に表示するプログラムを呼び出す話をしましたが、あれは正確に言えばアプリケーションの話をしています。例えばWindowsだと「フォト」というアプリケーションが標準でインストールされていて、保存している画像ファイルを画面に表示できます。フォトというアプリケーションを人間が起動し、次にフォトが、画面に画像を表示するために必要なさまざまなハードウェア制御をOSから呼び出しているのです。

アプリケーションには、文書を書くための「Word」や表計算をしたりグラフを描いたりデータベースを作成するときに使う「Excel」、プレゼンテーションのための資料を作る「PowerPoint」、ウェブサイトを見るためのブラウザ、メール、ゲームなどが含まれる。
(BigTunaOnline / Shutterstock.com)

Keyword

▶ ASCII コード（アスキーコード）

主に英語で必要な文字を収録したコード規格。ASCII は American Standard Code for Information Interchange の略で、1960 年代にアメリカで標準化された。英数字、句読記号、制御文字（改行やタブなど）を含む 128 の異なる文字を表現することができる。コンピュータや通信機器の間でテキストデータを交換するための共通の基準として広まったが、現在ではより多くの文字を扱うために Unicode（ユニコード）という国際的な標準規格が広く使用されている。

▶ 光の三原色

赤（Red）、緑（Green）、青（Blue）の 3 つの色のこと。それぞれの頭文字をとって「RGB」と呼ぶ。テレビやパソコン、スマートフォンのディスプレイなど、そのもの自身が発光しているものはこの光の三原色を異なる割合で混ぜ合わせることで多くの色を表現している。このように光の三原色を組み合わせて色を生成する方式を「加法混色」と言い、混ざると明るくなり、すべてを重ねると白色になる。

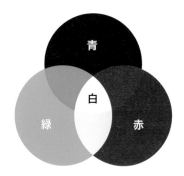

Chapter

3

コンピュータによる演算

この章で学ぶ主なテーマ

2 進数による演算と誤差
論理演算
論理回路

「身近なモノやサービス」から見てみよう！

スーパーコンピュータ「富岳」についての話題は、コンピュータに
それほど興味が無い人でも聞いたことがあるかと思います。

©RIKEN

スーパーコンピュータ、略して「スパコン」というのは非常に規模
の大きい計算を高速で行うことのできるコンピュータの総称で、複雑
な物理現象のシミュレーションなど膨大な計算が必要な処理に活用さ
れています。スパコンは世界のさまざまな国や企業などが研究開発を
行っていますが、そのうち、理化学研究所と富士通が共同開発した「富
岳」は、その性能の高さで世界ランキング上位となっています。ラン
キングにはいくつ種類かあるのでそれによって順位も変わるのです
が、あるランキングでは世界１位の性能もたたき出しているほどです。

「富岳」も含めスーパーコンピュータは大量のデータに対して非常
に高速に、さまざまな演算を行うことができます。しかし２章でも

説明した通り、コンピュータが直接的にできる処理というのは非常に簡単なものです。限られた桁数の2進数データに対して足し算をしたり、記憶場所を変更したり、大きさを比べたりといった処理ばかりなのです。複雑な処理や複雑なデータも、コンピュータの中ではすべて2進数だという説明は1章でしました。複雑な処理を表現する膨大な桁数の2進数を、小さな桁数の2進数に対する小さな演算の膨大な組み合わせによって作り上げているのです。この構造はスパコンでも変わりませんが、扱える2進数の量も、実行できる小さな演算の量も、スピードも一般のコンピュータとはまさに「けた違い」なため、「スーパー」の名を冠する性能となっているのです。

　ところで、この小さな演算自体はどのように作られているのでしょうか。コンピュータは電気信号で動きます。0と1はこの電気信号のON/OFFであるということは説明しました。しかしこれによって作られるのは2進数の数の並びであって、例えばこれらの加算を行いたいときには「数の並びを使って加算という演算をする」という部分を担う機構が必要になります。それを担っているのは演算装置ですが、その中身はどのような構造になっていて、どのように加算などの演算を0と1の羅列から生み出しているのでしょうか。これには論理演算と呼ばれる演算ルールと論理素子と呼ばれる部品が関わってきます。

　この章ではコンピュータが0と1の羅列から、どのように演算を行っているのかを見ていきます。そのためにまずは2進数を用いた演算の実例やコンピュータでの数値の扱いを見ていきます。その後で、論理素子が一体どういうもので、それをどう使って演算を実現するのかを見ていきましょう。

2 進数による演算と誤差

　この章ではコンピュータが 0 と 1 の羅列から、どのように演算を行っているのかを見ていきますが、電気信号から演算がどう作られているのかを説明する前に、2 進数の数値同士での演算そのものについて説明しておきたいと思います。1 章でも少し触れていますが、2 進数での加算や 2 の補数を用いた減算などの実例を示していきます。また 2 進数での小数表現について触れ、コンピュータにおける数値の表現方法の一つである固有小数点数と浮動小数点数についても説明します。そして最後に、コンピュータで数値や演算を扱う上で絶対に避けて通れない仕様である誤差について見ていきましょう。

2 進数による演算 ･･･

　2 進数同士の演算は、基本的には 10 進数のそれと変わりません。同じ桁同士の数値で計算をして、繰り上がりなどがあればそれも考慮します。例えば 2 進数の 0101 (2) と 0111 (2) の加算であれば、次のようになります。

$$\begin{array}{r} 0101 \\ +\ 0111 \\ \hline 1100 \end{array}$$

　減算は 2 の補数を用いた加算で表現することができます。例えば 2 (10) =010 (2) とその 2 の補数である 110 (2) を加算すると以下のようになります。

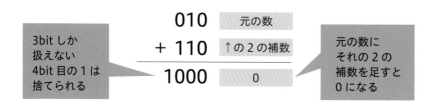

　1章では2の補数による減算において「桁上がりを無視する」という説明をしましたが、もう少し正確に言うと「コンピュータが扱える桁数を超えた繰り上がりは無視する」が正しいです。この例の場合は一度に扱える数値の桁数を3bitとして考えています。ですから、桁上がりで発生した4bit目は無視することになります。

固定小数点数と浮動小数点数

　ここまでで扱ってきた2進数は整数のみで、小数部は存在しませんでした。しかしコンピュータがさまざまなデータを処理するに際して、小数を一切扱わないということはありえません。ここで問題になるのが「.」記号です。小数は私たちが紙に書くだけなら「.」記号を使って表すことができますが、コンピュータが扱えるのは0と1の記号のみなので、この表記法は使えません。そこで、コンピュータで小数を扱うための表現方法が別に存在しています。コンピュータで2進数の小数を表現する具体的方法には、固定小数点数と浮動小数点数があります。

　まず**固定小数点数**は、小数点の位置を先に固定しておく方法です。例えば下2桁を小数部とすると決めているなら、データとして1001と記憶されたものは実際には10.01ですし、1001011は10010.11となります。事前に小数点の位置を決めておくことで、小数点記号を保持しなくても小数として扱えるようにしているわけです。

　もう一つの方法が浮**動小数点数**です。こちらは「浮動」とある通り、小数点の位置を固定しない表現方法になります。まず最初に、この浮動小数点数による表現の例を1つ示します。

1	10000011	101 1100 0000 0000 0000 0000
符号部	指数部	仮数部

　符号部は非常に簡単で、正数か負数かを表す部分です。1 が負数、0 が正数を表します。問題は指数部と仮数部です。これは「正規化した数値を表すために必要な情報」を表している部分です…などと説明してもまったくわからないと思いますので、ここも実例で見ていきましょう。

　-27.5 という値を浮動小数点数で表したいとしましょう。まず符号部は負数ですから 1 になります。次に、符号を抜いた値である 27.5 を 2 進数へ変換します。この場合は $11011.1_{(2)}$ となるのですが、ここで先ほど出てきた「正規化」を行います。ここでの正規化とは小数が含まれる値をある決まった形に変換する動作を指します。今回の浮動小数点数では、整数部が 1 になるように小数点をずらし、その分を 2^n をかけることで調整するという正規化を行います。$11011.1_{(2)}$ であれば以下の通りです。

$$(11011.1)_2 \rightarrow (1.10111)_2 \times 2^4$$

　2^n をかけるというのは特に難しい話ではなく、10 進数でも 10^n をかけることで小数点の位置をずらすことができますし、それは誰でも簡単に理解できると思います。今回は 2 進数なので 2^n をかけているという違いだけです。元々の $11011.1_{(2)}$ と正規化した $1.10111_{(2)} \times 2^4$ の最上位桁の 1 を比べると、元の 1 は 2^4 の桁で、正規化後の 1 は 2^0 の桁です。確かに、2^4 をかければ元の桁と同じ意味になるとわかります。

　このように正規化をしたとき、かけた 2^n の n の部分を**指数**と呼び、小数点をずらした数値の小数点以下の部分を**仮数**と呼びます。今回の例であれば指数が 4 で仮数が 10111 ということです。仮数が小数点以下のみを扱っているのは、整数部は 1 であるということがルールとして定まっているので、その部分以外を覚えておけば元の数が決まるからです。このようにルールを定めておくと、仮数と指数が与えられさえすれば正規化した数値が一意に定まります。例えば今回の例は元の数が $11011.1_{(2)}$ でし

たが、指数のみを 3 に変えてみると、元の数は 1101.11 (2) だったということになります。

$$(1.10111)_2 \times 2^4$$

仮数：10111
指数：4

　浮動小数点数の指数部と仮数部は「正規化した数値を表すために必要な情報」と説明しました。正規化した数値を一意に定めるには仮数と指数があればよく、これらの情報を持っておくことで、実質的に元の数値を再現可能にしているという構造が浮動小数点数ということです。

　実は浮動小数点数の表現方法にも 2 種類あって、2 進数方式と 16 進数方式があります。ここでは 2 進数方式を用いて説明をしているのですが、こちらの方式の場合は仮数を 23bit で記憶すると決まっています。今回の仮数は 10111 でしたから、これを先頭 bit へ順に入れておき、空いた bit は 0 で埋めておきます。実際に表すと「101 1100 0000 0000 0000 0000」となり、これで仮数部が出来上がりました。

　最後に指数部ですが、ここは少しややこしいです。先に指数部の作り方を説明してしまうと「正規化した数値の指数に 127 を加えた値を 2 進数に変換する」となります。指数が何であったかを覚えておけばよいのだから、その値をそのまま 2 進数にして格納しておけばよいのに、突然 127 を足すという不思議な作業が入ってきます。これが何かというと、指数部に負数が現れる可能性に対応するための動作です。負数の表現方法として 2 の補数というものがありましたが、実は浮動小数点数の指数部では、負数表現に 2 の補数を用いません。ここで使われているのは「バイアス表現」や「エクセス方式」、「オフセット・バイナリ」などと呼ばれる表現方法です。

　バイアス表現とは、ある決まった値（バイアス値）を加算することで負

数を正数にずらす方法です。浮動小数点数の 2 進数方式では、指数部は 8bit で表現すると定まっています。8bit の 2 進数で表すことのできる数の種類は 2^8 で 256 通りです。この 256 通りのうち半分は負数、半分は正数を表すのに割り当てて -127 ～ 128 の値を表現するとします。そしてここに 127 を加算してやると、範囲を 0 ～ 255 の整数部分のみにずらすことができます。例えば -125 をこの方式の 2 進数で表したいときは -125+127=2 ですから、これを 2 進数にして 10 ⑵ とするわけです。127 を加算しているというルールはもちろん事前に把握できますから、コンピュータ側は与えられた 10 ⑵ から 127 を減算したものが元の数値だと容易に判断できます。

　長くなりましたが話を戻すと、浮動小数点数の指数を表現するためにバイアス表現を使うという話でした。先に示した例では指数が 4 でしたから、4+127=131 となり、これを 2 進数に変換すると 1000 0011 ⑵ となります。これを指数部として記憶しておくことになります。以上で浮動小数点数による小数表現が完了しました。

　浮動小数点数は固定小数点数と比べて、表現できる数値の範囲が非常に大きくなります。固定小数点数だと、整数部と小数部の桁が完全に固定されるので、例えば一番下位の bit は 2^{-1}、次の bit は 2^0 のように各桁が決まった位になりますし、それらで表現できる範囲しか表すことができません。一方で浮動小数点数の場合は仮数部の各 bit の位は指数部によって変動します。指数が大きな値であれば元の値も大きく、指数部が小さな値であれば元の値も小さいということです。

誤差 ●●

　コンピュータは物理的な機械が電気信号で動くという構造ですから、必ず「物理的な限界」が存在します。0 か 1 かはスイッチ部品 1 つで表現できますが、そのスイッチを無限個用意することはできないのです。そうすると逃れられない問題が発生します。それが**誤差**です。

　コンピュータのような機械は計算を完ぺきにこなして、間違えることなどないというイメージがあるかもしれません。しかしそれは間違いで、コンピュータによる計算には物理的な限界による誤差が多々あります。ともすれば、人間なら絶対に出さないような誤差も算出してしまうことがあるぐらいです。

　コンピュータで発生する誤差をいくつか具体的に見ていきましょう。まずは**情報落ち**です。数値を保持する際に使える桁数に限界があるため、極端に差のある数値の間での演算結果が、その桁に収まらずに捨てられてしまうことがあります。少し強引な例になりますが、10進小数を仮数が3桁の浮動小数点数で表現することを考えてみます。例えば12.3と0.0456を足し合わせると、答えは12.3456です。正規化の方法として「整数部が0で小数部の最初が0ではない」という方法を取ると、0.123456×10^2 が正規化された表現となります。整数部が0というのは自明なので、仮数として記憶すべきは小数部の123456ということになります。しかし仮数が3bitであることを考えると、そのうち123までしか仮数として保持することができません。この失われた456の部分が情報落ちによる誤差です。これは仮数の保持に3桁しか使えないという桁数の限界によって発生する誤差というわけです。

　次に**桁あふれ（オーバーフロー）**です。これは演算結果が扱える桁数を超えてしまい、その超えた桁を捨ててしまうことで起こる誤差です。扱える桁数に限界があるということは、ある桁数で表現できる数の範囲に制限があるということです。例えば4bitの2進数で表現できる数の範囲は、2の補数による負数を含めると-8から7までになります。この4bitコンピュータで（-3）+（-7）の演算をしたいと考えたとしましょう。もちろん、-3や-7は4bitの範囲で扱える数値です。しかしこれらの加算結果の-10は4bitで表現できる範囲を超えてしまいます。

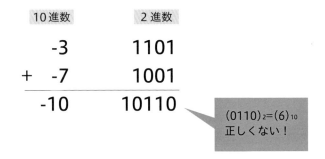

　4bit を超えた桁は物理的に捨てるしかなく、結果として残った 0110 ⑵ =6 ⑽ という誤った値が算出されてしまっています。

　丸め誤差・打切り誤差もよく発生する誤差です。例えば 0.33333…のように無限に続く小数は、限界桁数がある以上はもちろんすべてデータとして持っておくことができません。つまり四捨五入や切り捨てなどで処理することになりますが、そこには当然誤差が発生します。これが丸め誤差です。また 1÷3 のような計算は 3 で割る動作が無限に続いてしまいますが、それもどこかで打ち切らないと処理が終わりません。これによって起こる誤差が打切り誤差です。

論理演算

　ここまで２進数の演算や、小数の表現方法を説明してきましたが、この章の本題はこれらの数値を演算するための方法についてです。繰り返しになりますが、コンピュータは電気で０と１を表現して動く機械です。つまり、何かしらの演算を行うための機構も電気的に生成される０と１を用いて構成する必要があります。１ (2) +１ (2) =10 (2) という動作を行う機構を、何かしらで作らなければならないのです。コンピュータでは半導体によって作られる論理素子、それらを組み合わせてできる論理回路によって表現される論理演算によってその機構を作っています。ここではまず、論理演算とは何かという話から始めていきましょう。

論理演算とは ···

　論理演算とは、元々は真〈しん〉と偽〈ぎ〉の２つの状態に対して行う演算のことです。例えば身長175cmのサトルくんという男の子がいたとしましょう。ここで「サトルくんの身長は175cmだ」という文章をXと置くと、このXはサトルくんの身長が実際にいくらかによって、正しいか間違っているかが明瞭に定まります。このような文章Xのことを命題Xと言い、正しいということを「真」や「T」、間違っていることを「偽」や「F」と表現します。今回の場合だと命題Xは真である、ということになります。このように命題とそれらの真偽について考えることは「論理学」という学問分野の動作です。

　別の命題Yとして「サトルくんは女性だ」というものを考えてみます。これもY=TかY=Fかはサトルくんの性別によって定まります。論理演算は真・偽の状態に対する演算と説明しましたが、つまりこれはXとYの間で行える演算ということです。x=10とy=20があったとき x+y=30 のような演算を「数値の状態に対して行う演算」であると説明しているようなものです。この例であればX=TとY=Fの間で何かしらの演算を行い、

結果として T か F かを得るということです。例えば「X かつ Y」という演算を考えてみます。これは「サトルくんの身長は 175cm（X）かつサトルくんは女性（Y）」という演算に対して、T か F かの演算結果を導出するということです。X=T で Y=F でしたから、「T かつ F は？」という演算ということです。後から詳しく説明しますが、この場合は答えは F となります。Y= サトルくんは女性だ =F、つまり偽ですので、175cm かつ女性という事柄の結果も当然 F というわけです。

　コンピュータでは真を 1、偽を 0 とすることで、論理学の演算をコンピュータの演算に活用していきます。コンピュータでは AND、OR、NOT という演算を用いますが、この「AND という演算」というのは「乗算という演算」と同じようなことです。x=10 と y=20 から x×y=200 の乗算という演算ができるように、X=1 と Y=0 から X AND Y=0 のような演算を行うということです。AND を表す記号として「・」や「∧」を用いて、X・Y=0 のように演算を書き表します。これら「×」や「・」のような記号を**演算子**と言います。

論理演算 と 真理値表

　コンピュータでは AND、OR、NOT という論理演算を扱うと説明しました。ここではこれらの演算ルールを詳しく見ていきたいと思います。

　まず **AND 演算（論理積）**です。これは日本語でいうと「かつ」を演算する演算子で、コンピュータの世界では記号「・」を用います。この演算は二項演算という種類に属します。特に難しい話ではなく、加算などと同じで 2 つの値の組み合わせで演算を行うという意味です。先の例であれば X・Y のように X と Y の 2 つの値から演算結果が導出されます。

　さて、ここでコンピュータの世界には 1 と 0 しかないという耳にタコな話をもう一度出します。コンピュータ内でこの論理演算を行うわけですが、その演算に出てくる数値は当然ながら 1 と 0 しかありません。AND

演算は二項演算ですから、演算のパターンとしては「0・0」「0・1」「1・0」「1・1」の4つだけになります。これは10進数の数値の加算演算で考えると、出てくる数値は0〜9で演算パターンは「0+0」「0+1」…「9+8」「9+9」という限られたものである、という話と同じです。論理演算ではこのように真偽、つまり0と1の組み合わせによる演算結果を一覧表にして書き表します。では、AND演算の結果一覧表を見てみましょう。

X	Y	Z
0	0	0
0	1	0
1	0	0
1	1	1

　見方は非常に簡単で、XやYが真偽の状態を持つ値を表す記号、ZがXとYの演算結果の値を表す記号です。X=0とY=0のとき、Z=X・Y=0・0=0である、ということがすべての組み合わせで書き表されています。このような一覧表のことを**真理値表**と言います。

　AND演算は「すべての項が1の場合のみ演算結果が1となる」というものです。日本語の文章で表現してもこれはおそらく違和感がないと思います。X・Y=1というのはXかつYが真ということですから、XもYも正しくないと成り立たないということです。

　同じように他の演算と真理値表も見ていきましょう。次は**OR演算（論理和）**です。OR演算は日本語だと「もしくは」などが該当します。演算子は「+」を使い、例えばZ=X+Yのように書きます。OR演算の真理値表を見てみましょう。

　OR演算は「どちらかの項が1なら演算結果が1になる」というものです。X+Y=1というのはXもしくはYが真ということですから、どち

X	Y	Z
0	0	0
0	1	1
1	0	1
1	1	1

らかが真なら全体が成り立つと読み取れると思います。少し注意が必要な
のは「どちらも 1」という入力も真となる点です。日本語の「もしくは」
だと、「どちらか一方のみ 1」というふうに聞こえてしまうかもしれませ
んが、OR 演算はそうではありません。X=1 と Y=1 の OR 演算は
Z=X+Y=1 となります。

　NOT 演算（否定） は今までの演算と違い、一項演算という種類で、1
つの値から結果を算出します。NOT は日本語で表現するなら「〜ではない」
などと表現できます。演算子は真偽を表す記号の上に「-」をつけて、$\overline{X}$
のように書きます。真理値表で書くと次のようになります。

X	Z
0	1
1	0

　X ではない、という演算ですから、X が「真」なら「真ではない = 偽」
となりますし、逆もしかりです。

　ところで、ここまで演算子を用いて論理演算を式で表現してきましたが、
このような式を**論理式**と言います。1 に 2 を加算するというのを 1+2 と
いう式で表すのと同じです。四則算算では 1+2-3×5 のように複数の演算
子を組み合わせた式を作ることもできます。そして論理式でもそれは同じ
です。

　コンピュータの演算において、AND・OR・NOT と併せてよく使われるのが **NAND（否定論理積）・NOR（否定論理和）・XOR（排他的論理和）** という 3 つの演算です。このうち NAND と NOR は非常に単純で、AND や OR の結果を NOT したものになります。真理値表を書くと以下の通りです。

$$Z = \overline{X \cdot Y}$$

X	Y	Z
0	0	1
0	1	1
1	0	1
1	1	0

$$Z = \overline{X + Y}$$

X	Y	Z
0	0	1
0	1	0
1	0	0
1	1	0

　左が NAND、右が NOR です。論理式を見ると、例えば NAND であれば X と Y の AND 演算である X・Y があり、その全体を NOT するという意味で $(\overline{X \cdot Y})$ という論理式が示されています。OR もまるきり同じです。出力の Z を見ても、例えば NAND は AND の結果に対して NOT 演算をしたものになっています。つまり、X と Y が両方 1 のときだけ Z が 0 となるわけです。

　XOR は少しややこしいです。日本語で表すなら「2 項が同じときは 0 で違うときは 1」という演算です。真理値表で見た方がわかりやすいかもしれません。

$$Z = X \oplus Y$$

X	Y	Z
0	0	0
0	1	1
1	0	1
1	1	0

　XOR は専用の演算子が用意されていて、⊕というあまり見慣れない記号を使います。真理値表を見ると、X と Y がどちらも 0 もしくはどちらも 1 のときは出力 Z が 0 になっているのがわかります。

　XOR も AND と OR と NOT を組み合わせることで表現できます。論理式を先に出すと、X ⊕ Y=X̄·Y+X·Ȳ となります。これを真理値表で見てみましょう。

X	Y	$\bar{X}$	$\bar{X}\cdot Y$	$\bar{Y}$	$X\cdot\bar{Y}$	$\bar{X}\cdot Y+X\cdot\bar{Y}$	$X\oplus Y$
0	0	1	0	1	0	0	0
0	1	1	1	0	0	1	1
1	0	0	0	1	1	1	1
1	1	0	0	0	0	0	0

　まず式の中に出てきているのは X と Y のみですから、0 と 1 の組み合わせは 4 パターンです。それが一番左の二列に並んでいます。そして、先ほどの式の中に出てくる各項がそれぞれどうなるか、一覧にすべて示しています。例えば X と Y がともに 0 のとき、X̄ は X の否定ですから 1 になります。そうすると X̄·Y は 1・0 ですから 0 になり…というように、最初の X と Y の組み合わせが決まれば式の中身を順に算出することができます。これを最後まで行うと、表の右から 2 列目のようになります。結果を見ると上から 0110 で、これは一番右列に示した XOR の出力と一致しているのがわかります。

論理回路

　コンピュータではこの論理演算を使って、さまざまな処理の演算を行っています。しかしコンピュータで論理演算を使うと言っても、コンピュータは電気信号で動く機械なわけですから、論理演算も電気的なもので表現できるようにしなければいけません。この電気信号で論理演算を行える機構が**論理回路**です。

論理素子・論理回路 ……………………………………………………

　コンピュータ関連のニュースで「半導体」という言葉をよく聞くことはないでしょうか。半導体というのは電気を通す度合を変えることのできる物質のことです（さらに半導体を材料として作られる特別な部品も含めることがあります）。実はこの半導体を使うことで、論理素子というコンピュータの演算に必要不可欠な部品を作ることができます。

　論理素子は、先に説明した論理演算を行う機能を持った最小単位の部品のことです。コンピュータでは電気信号で 0 と 1 を表現しますが、この電気信号を入力として、それらの論理演算結果を電気信号で出力するような部品です。そしてこの論理素子を組み合わせてできるのが論理回路です。ただし、論理素子自体も論理回路と呼ばれることが多いです。本書ではここから論理演算を電気信号で行える機構のことをすべて論理回路と呼んでいくことにします。具体的な部品としては、例えば右のような見た目をしています。

　下に伸びている金属製のピンが電気信号を受け取ったり出力したりする部分で、黒い部分の中に半導体を用いて AND などの動作をする機構が組み込まれています。ただこれは非常に大きな部品で、コンピュータの中で

実際に使われている回路はもっと小さく、たくさんの処理が行えるものです。こういった部品を適切に配置し、接続し、電気信号を与えることで論理演算を行える電気的な機械を作ることができるのです。

　最も基本的な論理回路は AND・OR・NOT のそれぞれの演算を行うことができる**基本論理回路**です。回路を考える際には、部品を配置して組み合わせていく様子を回路図で表します。このとき使う記号として **MIL 記号**（→ P.076）があります。AND と OR であれば 2 入力 1 出力の部品になるので、X と Y がそれぞれの演算を表す記号へ入り、記号の後ろの出力から出てくるというイメージです。

回路名	論理式	回路記号（MIL 記号）
AND 回路 論理積回路　2 入力 1 出力 入力が双方 1 のみ、出力も 1	$Z = X \cdot Y$	X Y → Z
OR 回路 論理和回路　2 入力 1 出力 入力が 1 つでも 1 なら、出力も 1	$Z = X + Y$	X Y → Z
NOT 回路 論理否定回路　1 入力 1 出力 入力を反転させる	$Z = \overline{X}$	X → Z

　AND・OR・NOT 以外でよく使う演算にも MIL 記号が設定されています。

回路名	論理式	回路記号（MIL 記号）
XOR 回路 排他的論理和回路 2 入力 1 出力 双方の入力が異なれば出力 1	$Z = X \oplus Y$	X Y → Z
NAND 回路 2 入力 1 出力 AND と NOT を組み合わせた回路	$Z = \overline{X \cdot Y}$	X Y → Z
NOR 回路 2 入力 1 出力 OR と NOT を組み合わせた回路	$Z = \overline{X + Y}$	X Y → Z

　これらの部品を組み合わせることで、複雑な演算を行える機構を作ることができます。例えば XOR は Z=X ⊕ Y=X̄·Y+X·Ȳ という式を回路図で示すと以下のようになります。

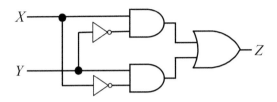

加算回路 ･･･

　最後に、この部品を使ってコンピュータが行う演算を実施できるような回路をどう作るのかについて見てみましょう。具体例として、ここでは加算を行う回路、加算回路について考えてみます。

　まず最初に「1 桁の加算」ができる回路について考えます。

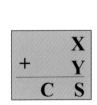

X	Y	C	S
0	0	0	0
0	1	0	1
1	0	0	1
1	1	1	0

　少しややこしいですが、図中の + は OR ではなく、加算を表すものとして捉えてください。X と Y という 1 桁を加算すると、まず同じ桁の加算結果である S が算出されます。また、X と Y の組み合わせによっては繰り上がりが発生する可能性もあります。この繰り上がりの値を C とします。この状態で加算動作の真理値表を書くと図の右の表になります。1+1 は繰り上がり C が 1 で、同じ桁の加算結果 S は 0 になるというこ

とです。

　この真理値表ができれば、ここから論理式、さらに論理回路に落とし込むことができます。作りたいのはXとYが入力、つまり電気信号として入ってきたときに、SとCがそれぞれ真理値表の通りの電気信号を出力するような回路です。まずCを見てみると、XとYがともに1のときだけ1を出力するという動作で、これはまさにAND演算です。つまり1桁の加算における繰り上がり桁Cは、入力XとYのAND演算の結果を出力すればよいということです。式で表せば$C=X \cdot Y$です。同じようにSを見ると、XとYが等しいときに0、異なるときに1ですから、これはXOR演算です。$S=X \oplus Y$ということです。このように論理式が導出されれば、あとは式通りの回路になるように部品をつなげればよいのです。このような1桁の加算を行う回路を**半加算回路**と言います。

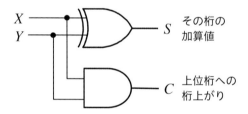

　これで単純に1桁を加算することができるようになりました。次に考えるべきは、下の桁からの繰り上がりの処理です。15+15という10進数の演算を考えると、一の位の演算は先ほどの半加算回路的な考えで処理できます。つまり5+5でC=1、S=0ということです。しかし十の位の演算は、一の位からの繰り上がりC=1も合わせて1+1+1=3という動作が必要になります。この下の位からの繰り上がりをAという新たな入力とし、3入力2出力の真理値表を書くと次ページの図のようになります。

A	X	Y	C	S
0	0	0	0	0
0	0	1	0	1
0	1	0	0	1
0	1	1	1	0
1	0	0	0	1
1	0	1	1	0
1	1	0	1	0
1	1	1	1	1

　このような下の位からの桁上りを含む加算演算ができる回路は**全加算回路**と言います。この真理値表から C と S の論理式を導出するのは、実は少し難しいです。詳しく知りたい場合は論理演算や論理式の変形規則を学ぶ必要がありますが、ここではそこまで触れないことにします。代わりに、正解の論理回路から演算の意味を見ていきます。

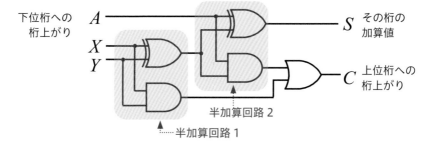

　これが全加算回路の回路図です。全加算回路は半加算回路が 2 つと OR回路を組み合わせることで構成されます。まず元の加算対象である X とY から見ていくと、この 2 つが 1 つ目の半加算回路 1 へ入力されています。ではこの半加算回路 1 の出力がどこへ行くかを見ると、まず加算結果のS1 は 2 つ目の半加算回路 2 の入力桁の 1 つとなっています。2 つ目の半加算回路はもう一つの入力として、下位桁からの繰り上がり A が来ています。つまり 2 つ目の半加算回路は X と Y の加算結果 S1 と下位桁からの繰り上がり A の加算を行っているということです。

ここまでをまとめると、まず X と Y の加算を行って S1 と C1 を得ます。A とこの S1 を 2 つ目の半加算回路で加算することで、X と Y と A を足したときの同じ桁の加算結果 S を算出しています。回路図を見ると、2 つ目の半加算回路の出力 S がそのまま全体の出力 S となっています。

　最後に上位桁への繰り上がり C の算出ですが、これは回路図を見ると 1 つ目の半加算回路 1 からの出力 C1 と、2 つ目の半加算回路 2 からの出力 C2 を OR 演算したものになっています。例えば X と Y の加算を行った時点で繰り上がりが発生したなら C1=1 となります。2 つ目の半加算回路 2 での S1 と A の加算で繰り上がりが発生したなら C2=1 となります。このどちらかの演算、もしくは両方の演算で繰り上がりが発生していたなら、X と Y と A の加算全体でも繰り上がりが発生します。なので、C1 と C2 を OR 演算したものが全体の C として算出されているのです。

　これである数値の加算における、1 桁分の演算が不足なく行えるようになりました。あとは複数桁の演算を行えるように、半加算回路と全加算回路を組み合わせれば完了です。

　次ページに示したように、4bit の数値同士の加算を考えます。まず一番下位の桁は下からの繰り上がりがないので、半加算回路で算出することができます。それ以降は下位桁からの繰り上がりを考慮するので全加算回路をつないでいます。これで加算という演算を電気信号で行える回路が完成しました。

　このように、行いたい演算処理を論理演算によって表現し、それに従っ

た回路を設計することで、処理を電気信号で行えるようになるわけです。
このような演算を行うための回路、すなわち演算回路をさまざまに用意す
ることで、最終的にコンピュータは演算処理を行うことができるようにな
るのです。

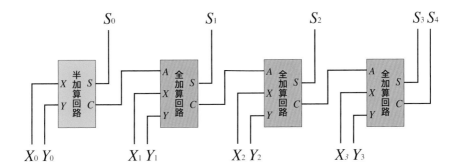

Keyword

▶機械語

コンピュータやデジタルデバイスが直接理解できる言語の一種。コンピュータの中央処理装置（CPU）が実行するための命令やデータを表現するために使用される。機械語はバイナリ形式（0 と 1 のビットの列）で表現され、機械語の命令には算術演算や論理演算、メモリアクセス、入出力といった基本的な操作が含まれる。

▶ MIL 記号（MIL 論理記号）

論理回路を表現するときに用いられる図記号。回路図上での記法やそれぞれの記号の形は「MIL 規格」と呼ばれる規格によって定められている。

▶アセンブリ言語

機械語の命令を人間が理解しやすい形式で表現するための低水準のプログラミング言語。アセンブリ言語のプログラムは、通常「アセンブラ」と呼ばれる特殊なソフトウェアを使用して機械語に変換される。アセンブリ言語は、コンピュータシステムの設計や構造（コンピュータ・アーキテクチャ）の詳細な制御を必要とする場合に使用されるほか、パフォーマンスの最適化や特定のハードウェア機能の利用など、高度な制御を必要とする場合にも使われる。一方で、高水準言語に比べると理解や開発が困難であり、プログラムの作成には手間がかかる傾向がある。

▶高水準言語（高級言語）

人間が理解しやすく記述できる形式のプログラミング言語。コンピュータが理解できる低レベルの機械語やアセンブリ言語とは異なり、プログラマが複雑な処理をより簡潔かつ効率的に記述できるように設計されている。高水準言語の利点には、可読性や保守性の向上、開発時間の短縮、再利用性の向上などがある。

4

プログラミング

この章で学ぶ主なテーマ

コンピュータとプログラム
プログラミング言語
プログラムの考え方

「身近なモノやサービス」から見てみよう！

　この章からはプログラム、つまりコンピュータを動かすための指示書側の話に入っていきます。プログラムという言葉は、少し前までは専門用語だったと言っても過言ではないかと思います。そもそもコンピュータを個人が持つようになったのがここ30年ほどのことです。その中で、コンピュータはすでに存在しているアプリケーションを使うためのものであって、アプリケーション自体、つまりプログラムを作るというのは一般的なことではありませんでした。

　ひるがえって昨今では、コンピュータを個人が所有することは至極当然のこととなり、それに伴って「コンピュータで自分の思うような処理をしたい」という要求も叶えられるようになったと言えるでしょう。つまり初めから与えられているアプリケーションの機能をただ使うのではなく、自分の思うような入力から自分の思うような出力を得たい、その処理をコンピュータにさせたいというわけです。また、会社ではなく個人が開発したスマートフォンアプリが一般に公開される

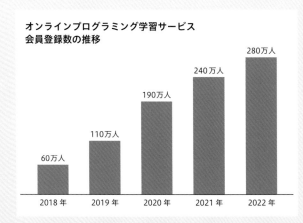

オンラインプログラミング学習サービス
会員登録数の推移

プログラミングを学ぶ人は増加傾向にある。オンラインプログラミング学習サービス「Progate」および同名スマホアプリの合計登録ユーザー数が全世界で280万人を突破し、2018年と比べて約4.6倍に増加した。人気のレッスン言語は上から「HTML & CSS」「JavaScript」「Python」「Java」「SQL」。上位3言語は3年連続で変わっていない（株式会社Progate プレスリリース 2023/1/19をもとに作成）

ようなことも、珍しいことではなくなりました。さらには小学校での
プログラミング教育も必修化されています。誰もがプログラムを作成
することが当たり前になりつつあると言えるでしょう。

　プログラムを書けるようになるためには、その書き方、つきつめれ
ば単語を覚えればよいと考えるかもしれません。もちろん具体的なプ
ログラムを作るにはプログラムを書くための言語、プログラミング言
語のさまざまな単語が必要になります。しかし「プログラムを書く」
において重要なのは、そういった語の書き方よりも、物事をプログラ
ム的な処理の構造に落とし込むための考え方です。単語は言語が変わ
れば書き方も変わってしまいます。「料理人」という語は「Cook」
にも「Chef」にも変わり得ます。ですが「料理は材料の準備をまず行っ
て、次にそれを切って、次に炒めて…」のような処理の構造は、語が
変わっても同じように使えます。

単語は変わる　　　　　料理の基本的な手順は変わらない

　この章では、まずプログラムとはコンピュータにおける何なのかと
いう話から始まり、具体的なプログラミング言語も少し紹介します。
最後に本題の「プログラムの考え方」についてのさわりを説明してい
きたいと思います。

4-1

コンピュータとプログラム

　コンピュータは電気的に動くハードウェアと、それらをどう動かすかの指示書であるソフトウェアの両輪で成り立っています。このソフトウェア部分を作成するために必要なのがプログラムです。もう少し正確に言うと、コンピュータへの指示書をコンピュータが解釈できる形で書き下したものがプログラムです。コンピュータは自発的には動かないので、動作に必要な指示はすべてプログラムで用意しなければいけません。ここではまず、プログラムとコンピュータの動作との関係性を見ていきましょう。

処理のレイヤー

　コンピュータは自ら勝手に動くことはなく、人間から指示されたことだけしか実行できません。「融通を利かせる」「言われていないけどやっておく」といった人間らしい動作は一切できません。つまり非常に小さいサイズ感から見れば、ハードウェアのどの部品に電流を流して 1 や 0 の信号を伝えて…というレベルで漏れのない指示書が必要になるということです。

　しかし私たちが何かしらの事象をプログラムで処理したいと考えるときは、もっと大きいサイズ感で処理で見ています。例えば「画面に画像を表示したい」というようなレベルが一つの処理の塊でしょう。しかし人間が一つの塊と捉える処理の下には、実際は多数の小さなサイズ感の処理がひしめいています。例えるならコンピュータが実施する処理は層（レイヤー）のようになっていて、下位のレイヤーは部品への電気信号レベルの塊、上位のレイヤーになるほど処理が人間目線の塊になっていくようなイメージです。例えば、「大根をイチョウ切りにしよう」というレベルが人間が一つの処理と考えるサイズ感とすれば、これを漏れなく実行するために「包丁を握る力を 0.5 秒間で 0 から 100N に変動させて…」というレベルの指示に細かくかみ砕かなければならないのがコンピュータなのです。これ

大きいサイズ感／
上位レイヤー

木を切りたい

小さいサイズ感／
下位レイヤー

オノを秒速〇メー
トルで振り上げて
〇度の角度で振り
下ろす

でもまだ処理のサイズ感は大きいかもしれません。

　実際のところ、人間が「コンピュータに処理させたい」と最初に考える
のは上位レイヤーレベルの事柄で、下位レイヤーにあたる部品一つずつの
動かし方までは考えてはいませんし、そもそもそうしたことを考えること
は現実的ではありません。しかしコンピュータはすべての指示を漏れなく
しなければ、つまり一つ一つの部品を動かすプログラムもなければ動きま
せん。このギャップを埋めているのが OS です。

　部品の動かし方は OS が担ってくれる話はすでにしました。つまり私た
ちが作るプログラムにおいて「機械の部品を動作させる命令」はもちろん
必要ですが、それをこちらが意識する必要がないようになっているのです。
プログラムの命令を実行する際に必要な下位レイヤーの処理は、こちらが
記述する命令の中に「OS に依頼をする」という形ですでに実装されてい
るのです。例えば、私たちが包丁を握るとき、力のかけ具合を厳密に数値
で把握していなくても問題はありません。このことを OS への依頼と無理
やり照らし合わせるなら、人間の脳内には物を握るための筋肉の動きがす
でに存在していて、「包丁を持とう」というレベルで指示をすれば「指の
筋肉をこう動かして握力を所定時間で変化させて…」という動作は意識せ
ずに勝手に行えるようなものでしょうか。

OS もプログラム

　コンピュータへの指示はプログラムとして記述する必要があり、人間に

は難しい小さなサイズの指示は OS が担うことを説明しました。これらを
まとめると、つまり OS もプログラムなのだということになりますし、そ
れは実際に正しい結論です。私たちがコンピュータのスイッチを押して、
しばらくすると OS が起動しますが、あれは「OS のプログラム」が実行
されているのです。

　スイッチを入れるとコンピュータに電気が流れ、各ハードウェアが動け
る状態になります。この時点では主記憶装置、つまり今まさに実行するプ
ログラムが書き込まれる場所はからっぽです。先ほどまで何も実行してい
なかったのだから、これは当然です。さて、OS もプログラムですから、
これを実行するためには OS のプログラムを主記憶装置へ書き込んで処理
する必要があります。本来は何かアプリケーションを動かすにしても、主
記憶への書き込みや CPU の動作などを OS が橋渡ししてくれるはずです。
しかし今の話は「OS を動かしたい」という話です。何もなしの状態から、
一体誰がこの OS プログラムを実行してくれるのでしょうか。

　これには 2-3 でも触れた BIOS と呼ばれる特別なプログラムが関わっ
てきます。BIOS の役割は OS が起動する前に CPU など最低限必要なハー
ドウェアの制御を行い、OS プログラムの開始を促すというものです。例
えるなら着火剤のようなものでしょうか。小さな火種の BIOS が電源を付
けると自動的に実行され、そこから順に OS のプログラムを実行していく
のです。

機械語とアセンブリ言語

　また、先に述べた通り、メモリ上に実際に書き込まれるプログラムは 0
と 1 の羅列である機械語です。しかし、人がプログラムを記述するとき、
機械語レベルで考える必要はほぼありません。とはいえ、やはりコンピュー
タの動作をきちんと把握するとなると、機械語レベルのプログラムやデー
タを扱うタイミングが出てきます。この機械語と「1：1」で対応してい
るプログラミング言語が**アセンブリ言語**（⇒ P.076）です。人間が読み書

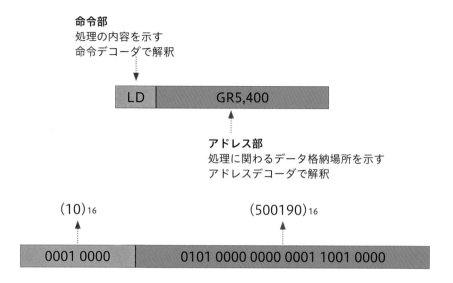

きしやすい形になっていますが、先に言ったように機械語と1:1なので、言語の構成としては機械語そのものと言ってよいでしょう。

　上の図はアセンブリ言語の一例です。機械語はCPUに依存した言語なので、それと1:1対応のアセンブリ言語もCPUの種類によって構造は変わってきます。レジスタが4つのCPUならレジスタ5を使うような記述は書けない構造になっていますし、実行できる命令の数も種類によって違ったりします。例に出したアセンブリ言語だと、「LD」の部分が処理の内容を示す命令部で、これは主記憶装置の中にあるデータをレジスタに読み込む（ロードする）というものです。後ろの「GR5」がCPU中の汎用レジスタで、ここにアドレス「0400」番地のデータがロードされるというプログラムです。このアセンブリ言語での記述は、主記憶装置内では例えば「0001 0000 0101 0000 0000 0001 1001 0000」のような2進数の羅列になっているわけです。やはりアセンブリ言語の方が、まだ読みやすいですよね。

プログラミング言語

　プログラムを作成するためには、コンピュータが解釈できる形での記述方法が必要です。もちろん、一番コンピュータが解釈しやすいのは機械語ですが、これは０と１の羅列ですから人間には大変扱いづらいものになります。そこで人間にとって扱いやすいプログラミング言語として、**高水準言語**（→ P.076）が存在しています。この高水準言語にはさまざまな種類があり、ある唯一の記述方法が定まっているわけではありません。「プログラミング言語を勉強する」といったときは、たくさんある高水準言語の中からどれかを選んで、その言語の書式・文法を学んでいくことになります。

さまざまな高水準言語 ....

　高水準言語には多くの種類があり、それぞれが特色を持っています。いろいろな用途に汎用的に使えるような言語もあれば、スマートフォンアプリ開発用の言語、Web ページの動作記述に特化したような言語などもあります。

　汎用的な高水準言語の具体例として、**C 言語** と **Python** という２種類の高水準言語の記述例を見てみましょう。キーボード入力を受け付ける処理と、受け付けた入力を画面に表示する処理を並べています。

処理	C 言語	Python
キーボード入力	scanf ("%d",&x);	x=input ()
画面出力	printf ("%d",x);	print (x)

　本書は C 言語や Python の参考書ではないので、詳しい書式の説明はしません。ただ、同じ処理をするにしても単語や文法が確かに違っていることをここでは確認してください。どちらの言語も、プログラムを記述するときには半角文字を用います。これは他の多くの言語でもほぼ同じです。

珍しいものだと「なでしこ」という言語は全角文字である日本語表記でプログラムを書くことができたりもしますが、例外的です。

　C言語・Pythonのどちらの記述方法でも機械語と比べると人間にとって意味がわかりやすい、上位レイヤーレベルの処理になっています。人間からすればキーボードからの入力を受け付けるというのは、それで1つの処理の塊だと感じますが、コンピュータ内部では「押されたキーから送られてきた電気信号を受けて主記憶装置に書き込んで…」といった下位レイヤーレベルの処理が複数行われているのです。高水準言語の記述では、そういった小さな処理を意識することなく、人間が考えるレベルの処理を直接記述することができるわけです。

コンパイル型とインタプリタ型

　コンパイル型とは、高水準言語で書かれたプログラム全体をまとめて機械語に翻訳し、それを実行する方式のことです。翻訳時、プログラムが高速に実行できるよう無駄を省いて効率化するため、実行が早い傾向があります。C言語はこのコンパイル型の言語です。一方でPythonは**インタプリタ型**と呼ばれる種類の言語です。これは高水準言語のプログラムを一気に翻訳するのではなく、命令を逐次1つずつ解釈しながら実行する方式です。1つの命令の解釈〜実行をプログラム全体で繰り返すため、処理に時間がかかりやすく実行が遅くなりがちです。しかし、途中までで処理を一時停止することが可能なため、プログラムが順調に動作しているかのチェックなどがやりやすいです。

擬似言語

　基本情報技術者試験（→ P.122）では、資格試験用の擬似的なプログラミング言語が設定されています。これはあくまで試験用ですから、コンピュータで実際に動かすような言語ではありません。しかし、プログラムの基本的な流れや考え方を捉える際に使える言語です。記述例を示してみます。

```
○整数型：i
○整数型：sum_odd
・i ← 0
・sum_odd ← 0
■ i ≦ 10
|       ▲ i % 2 = 0
|       |       ・sum_odd ← sum_odd + i
|       ▼
|       ・i ← i + 1
□
```

このプログラムは「0 〜 10 までの数値のうち、偶数のみの合計を算出する」というものです。各々の細かい内容は後の章で見ていきますが、そこでもこの疑似言語を説明に使っていきたいと思います。ただ、登場するたびに「基本情報技術者試験の疑似言語」と呼ぶのは長すぎるので、この本では「FE 疑似言語」と仮の名前を付けておきたいと思います。ちなみに「FE」とは Fundamental Information Technology Engineer Examination のことで、この試験の正式な略称です。

また共通テストの情報関連基礎の問題には、**共通テスト手順記述標準言語（DNCL）** という疑似言語が使われることになっています。本書で扱うことはしませんが、これも FE 疑似言語と同じくプログラムの流れを記述するための疑似的な言語となっています。

プログラムの考え方

　プログラミング「言語」を勉強するときには、その言語の書式や文法を学んでいくことになると前の節で説明しました。しかし、ある言語での書き方そのものを覚えることは「プログラミングを学ぶ」ことの本質ではありません。それはあくまで「単語」や「文法」を覚えているというだけです。ここでは単語の書き方ではなく、プログラムそのものの考え方について触れていきましょう。

論理的思考力？ ………………………………………………………

　プログラミングを学ぶと論理的思考力が身につく、などといったことがよく言われます。論理的とは「論理にかなっている」という意味で、論理とは「考えや議論を進めていく上での筋道」を表す語です。そうすると論理的思考とは「何か物事を進めていくときの考え方・進め方（論理）を適切（論理的）に考えることができる力（思考力）」といったところでしょうか。

　人が「何か物事を進めたい」ときに、その物事を最初から細分化して考えることは普通しません。例えば「豚汁を食べたいなあ」と思い浮かぶのは自然ですが、最初から「豚肉を切る・ネギを切る・人参を切る・大根を切る・出汁をとる…を行おう」といった細かい処理の羅列を思い浮かべることはおそらくないでしょう。順番としては最初に大きな完成形の要望があり、次にそれを達成するために必要な細かい・段階的な作業計画を立てると思います。このように物事の要素を適切に取り出し、把握し、解決の筋道を立てられる力が論理的思考力です。

　では、コンピュータとプログラムへ話を戻しましょう。コンピュータに大きな完成形の要望を実行させるためには、もちろんプログラムを作成する必要があります。プログラムに書かれたことしか、コンピュータは実行

できないからです。そうすると、完成形の要望を構成する要素が何なのか、どのような処理を用意し、それをどのように組み合わせればよいのかという計画を立て、それらをまとめてプログラムとして記述する必要が出てきます。プログラミングを学ぶと、この動作を必然的に行うことになるので、やがて論理的思考力が身につくというのが冒頭の主張の論拠です。

　豚汁の例だと「こんな計画を立てるのは簡単で誰にでもできる」と思うかもしれません。そう思う人はおそらく「料理」という動作の論理をすでに把握しているのでしょう。まるきり料理ができない人に「豚汁を作って」とだけ言ったとして、はたして適切な作業計画を立てられるでしょうか。とんでもない謎の汁ものができてしまうかもしれません。経験のない物事がどのような処理の集合でできているかというのは非常に捉えづらいことですし、だからこそそれをどうにか捉え、筋道を立てる力というのは訓練すべきところなのです。

順次・分岐・反復処理

　プログラムを作る際には作業計画、もう少しコンピュータ的に言えば処理の構造を考えなければいけません。プログラミングには処理の構造に関して「順次・分岐・反復」という 3 つの基本的な考え方があります。

　まず**順次処理**ですが、これは非常に簡単で記述された順に処理を進める構造を指します。「鍋に水を入れる」→「コンロに置く」→「火をつける」のように、各命令を順番に実行していく形です。

　次は**分岐処理**で、これは「もし〜ならば B の処理、違えば C の処理」のように、条件によって実行する処理の流れが分かれるような構造です。「もし里芋があれば具に追加する」のような記述が作業計画にあったとすると、里芋が冷蔵庫にあったなら追加処理が動きますし、なかったなら追加処理は動きません。順次処理とちがって、里芋を追加する処理が条件によって実行されたりされなかったりするわけです。

　最後は**反復処理**で、これはある処理を繰り返し実行する構造のことです。「10回繰り返す」のような回数指定や、「〜になるまで」のような条件付けをすることができます。「白ネギを10分割にする」という処理を実行したければ、「白ネギを切る」処理を10回書いて順次処理をするよりも、反復処理で10回繰り返すという構造にした方が適切でしょう。もちろん10回程度ならすべて書くこともできるかもしれませんが、100回、1000回となればとても順次処理では作っていられません。プログラムで実行する処理は大量のデータに対するものも多いので、この反復という構造は非常に重要です。

◆ **プログラミングの基本的な3つの構造**

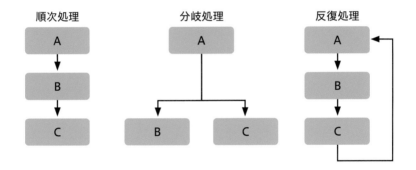

処理の細分化と再利用 ‥‥‥‥‥‥‥‥‥‥‥‥‥‥‥‥‥‥‥‥‥‥‥

　完成形の要望は、細分化された処理とそれらをどう組み合わせるかの構造によってプログラム化することができます。ということは、プログラムを考えるときには「何を細分化した処理とすべきか」が非常に重要になるということです。また、細分化した各々の処理を作っていく際には「この処理にはこのデータがいる」といった必要なものの把握も併せて重要です。これらの処理分割や必要データの把握を適切に行える力も論理的思考力の一つと言えるでしょう。

　それと合わせて、プログラミングでは処理が再利用できないかという視点も重要です。例えば「白ネギを切る」「白菜を切る」「豚肉を切る」…のように細分化した処理を、それぞれバラバラに作るのも一つのやり方ですが、「切る」という汎用性のある処理をあらかじめ作っておき、その処理を呼び出すときに「何を切るのか」をデータとして渡すような構造にすれば、切る処理の記述を何度も繰り返し書く必要がなくなります。細分化した処理を俯瞰で見て、この処理は一つにまとめて再利用する方が効率的だということを思いつくかどうかも論理的思考力の範疇でしょう。

記述ではなく考え方

　ここまで、プログラムを作るときには論理的思考力によって処理の適切な筋道を立てることが重要であると述べてきました。それはつまり、ある一つのプログラミング言語の単語を暗記することが重要なのではなく、どんな処理やデータをどう組み合わせればよいかという考え方の方が重要だということです。高水準言語でキーボード入力をする記述が scanf("%d",&x); だと覚えていたとしても、その記述が自分の作りたいプログラム全体のどこでどのように使われるべきなのかがわからなければ意味がないのです。

　そういった意味で、「言語」を学ぶのではなく「プログラム」を学ぶときには FE 擬似言語で示したような「プログラムの考え方」を理解していく方がよいでしょう。FE 擬似言語は実際のコンピュータ上では動きませんが、どこで順次処理を行い、どの時点で何のデータを使って分岐を判断し、何を何回繰り返すと良いのかという処理の細分化と構造はしっかりと把握できます。こうしたことを押さえておけば、あとは言語に合わせて適切な処理に適切な記述を持ってくるだけで高水準言語でのプログラムが作れます。言語に合わせた記述は辞書的なものを引けばわかりますが、その記述をどう組み合わせるとどんな処理が作れるのかは、プログラムを作る人自身が作り出せなければならないのです。

Chapter

5

変数とデータ構造

この章で学ぶ主なテーマ

変数
変数の型
データ構造
配列
構造体

「身近なモノやサービス」から見てみよう！

　筆者はものすごく暗算が苦手です。演算対象の数を覚えておくのがまず苦手ですし、各桁の演算結果もすぐ忘れますし、繰り上がりなど他の桁への影響まで出てくるともう大混乱です。基本的に暗記が苦手なのでしょう。ですから学生時代、筆者は何か計算をしないといけないときはいつも紙の端に書いて筆算をしていました。演算に必要な数を紙に書いておけば忘れることはありませんし、計算結果もまた、紙に記憶しておけます。

　ひるがえってコンピュータにとって暗記、つまりデータを記憶しておくというのは非常に簡単なことです。しかも人とは比べ物にならないぐらい大量のデータを記憶しておくこともできます。これは主記憶装置にデータを記憶させることで実現しています。プログラムの中で何か演算をするときがあるでしょうが、それに必要なデータや算出された結果をコンピュータはしっかりと記憶しておけます。しかしこれには条件があって、コンピュータは「それをどこに記憶するのか」を明確にしておかないと、覚えておくという処理を実行することができません。

プログラムにおいてデータを記憶しておく領域のことを変数と言います。数学ではいろいろと変化する値を表す文字のことを変数と言いますが、挙動は似ているかもしれません。プログラムにおける変数は中にいろいろな値を入れることのできる箱のようなもので、ここに処理で必要なデータを記憶させたりします。

　ちなみに、この記憶する場所は無限に用意できるわけではありません。先の章で説明した通り、プログラムやデータは主記憶装置に書き込む必要がありますが、その主記憶装置の領域は当然ながら有限です。コンピュータが動く際には主記憶装置の領域を分け合いながら使うので、変数として使うことができる領域も有限となります。変数にどれだけの領域を用意するかはプログラミング言語によって変わってきますが、例えば「整数を入れる変数は4Byte」のように決まっていたりします。主記憶装置の領域を超えたデータ量の変数は基本的に扱えませんし、無茶をすれば俗にいうメモリ不足に陥ります。いくら暗記が得意な人でも限界があるように、コンピュータも物理的な限界があり、それを超えるとフリーズしてしまったりするわけです。繰り返しますが筆者は暗記が苦手なので、あれこれと数値が出てくるとあっさりフリーズしてしまうでしょう。

　この章からはプログラムを作るときに必要となるさまざまな処理の流れについて、分割しながら説明していきます。まず最初は、どんなプログラムでもかならず使うであろう、データの保管場所である変数について見ていきましょう。

5-1

変数

変数とはプログラムにおいてデータを保持しておくためのもので、厳密には主記憶装置の上に確保される領域のことです。例えばキーボードから入力した数値を受け取って、その数値を使った演算をするようなプログラムを組みたいとします。このとき、入力した数値を後から使うためにどこかで記憶しておく必要があります。このようなとき、プログラムでは「数値を入れるための変数」をまず用意して、そこにキーボードで入力されたものを「代入」するという処理の流れを記述することになります。

データを覚えておく箱 ……………………………………………………

変数は何かデータを入れることのできる箱と考えるとよいでしょう。箱には名前（変数名）を付けることができて、プログラムの中では「x という名前の箱にデータを入れて」のように使うことができます。例えるなら作り置き料理を入れるタッパーに「キノコ炒め」というラベルを貼っておくようなイメージです。

変数名「X」

変数名は基本的には好きなものが付けられますが、プログラミング言語側が用いるため、使えない名前というのが存在します。例えばあるプログラミング言語において文字列を画面に表示するための命令が「print」だったとします。この print という記述は言語側が「命令」として使うため、それ以外の用途では使えないようになっているのです。こういった語を**予約語**と言い、変数だけでなく他のさまざまな部分で使うことが禁止されています。

　変数名は、その変数の中に入っているデータが何なのかがわかるような名前を付けるとプログラムが読みやすくなります。その意味では、変数名 x というのはあまり好ましくない命名でしょう。ただ学習用や説明用プログラムにはよく出てきてしまう名前でもあります。

変数の宣言と値の代入

　変数をプログラムの中で用いるには、まず変数の宣言が必要になります。これは「x という名前の変数を今後使うので、主記憶装置にデータを入れれる場所を確保してください」という処理を指します。

　処理の流れを FE 擬似言語で見ていってみましょう。変数の宣言は次のような記述になります。

```
/* 変数とは */
〇整数型：x
〇整数型：y
```

　先頭の〇が「宣言」という意味です。宣言とは「こういうものをプログラムで今後使うので用意しますよ」という事前報告のようなものです。「整数型：」というのは「整数が入るもの」という意味です。最後の x や y が変数の名前になります。ですから、上から順にまず「整数を入れることのできる x という空箱を一つ用意します」という処理を行うことを表し、次に「整数を入れることのできる y という空箱を一つ用意します」という処理を行うことを表しています。

　ちなみに 1 行目は**注釈**や**コメント**と呼ばれるもので、プログラムの流れには一切影響を与えない記述です。プログラムの途中に処理の説明などメモを残したいときに使うもので、/* と */ でコメント内容を囲むという書式です。

この時点では x という名前の空箱ができただけで、中には何もデータが入っていません。この変数 x に対してデータを入れる行為のことを**代入**と言います。これも FE 擬似言語で記述してみます。

・x ← 10　　/* 変数 x に 10 を代入 */
・y ← 20　　/* 変数 y に 20 を代入 */

先頭の・は順次処理に対して付く記号です。難しい話ではなく、書かれている通りの内容を枝分かれなどせず上から順に行うもの、という理解で大丈夫です。←が「左に右のデータを入れる」ということを表しています。この記述であれば、まず先ほどの変数宣言で用意した変数 x に 10 というデータを代入するという処理を行います。順次処理ですからそのまま次の行の処理を実行していくので、同じように変数 y へ 20 というデータが代入されます。

では、この変数宣言と代入を具体的な高水準のプログラミング言語で書き表してみます。

プログラミング言語	記述

C 言語	int x;
	int y;
	x=10;
	y=20;

JavaScript	var x;
	var y;
	x=10;
	y=20;

Python	x=10 y=20

一覧にすると、言語によって単語が違っているのがわかると思います。しかし、どの記述もすべて先ほどの FE 擬似言語で示したプログラムを書

いたものです。繰り返しになりますが、プログラムを学ぶときには FE 擬似言語で示したような「プログラムの考え方」を理解していくようにしましょう。「変数を宣言する」「そこに値を代入する」という、適切な処理の塊と流れさえ理解できていれば、あとは具体的なプログラミング言語でそれらを表現する記述に書き換えればよいだけです。

　ところで、高水準言語での記述例を見ると、変数へ値を入れる代入動作に「=」の記号が用いられています。算数や数学では、「 x =10」という記述は x と 10 は等しいという意味で使われています。しかし、多くの高水準言語で = は「左辺に右辺の値を代入する」という動作を表す記号として用いられます。プログラミングに慣れていないとこの記述に違和感を覚えるかもしれませんが、ぜひ慣れておきましょう。なお、この代入動作を示す = 記号のことを**代入演算子**と呼びます。

5-2

変数の型

　先ほどの FE 擬似言語で「整数型：」という表記がありましたが、これは宣言する変数を整数専用にするという意味合いです。これを**変数の型**（→ P.122）と言い、整数型以外にも言語によってさまざまな型が存在します。例えば実数型であれば小数を含む実数を扱えますし、文字列型であれば文字の並びを代入することができます。

型とメモリサイズ ....

　変数に何か数値を代入するというのは、つまり主記憶装置でそのデータを記憶するということです。もう少し正確に言うと、変数を宣言すると主記憶のある範囲がその変数のために確保されます。アドレス 0000 〜 0001 までは変数 x の値を記憶するための場所、のような具合です。値の代入などがあれば、主記憶のその範囲にデータが記憶されます。ここで変数の型を宣言していると、その型に合わせたメモリサイズが確保されるのです。

　5-1 で高水準言語での変数宣言の例をいくつか示しました。このうち C 言語の「int」というのが「整数型：」にあたる部分です。「int x;」で整数型の変数 x が宣言できます。その後「x=10」で変数 x に 10 という整数を代入しています。この int という型で変数を宣言すると 4Byte のメモリ領域が確保されます。2 進数の整数を 32bit 使って表現・記憶するということで、実際に記憶できる数値の範囲は -2,147,483,648 〜 2,147,483,647 となります。確保されるメモリサイズは型の種類によって変わりますし、また言語の種類によっても変わってきます。

　ところで 5-1 で示した Python の記述を見てみると、x という変数へイコール記号を使って 10 を代入しているのは同じですが、書いてあるのはそれだけで、型の宣言を表しているような記述は見受けられません。実

は Python は、変数に型がない言語なのです。

型は必要なのか

　型を決めて宣言をすると、その型以外の値は代入することができません。例えば int 型は整数型ですから、0.25 のような実数は代入できません。このような構造は間違いの抑止として便利です。例えば数値としての「100」と文字列としての「100」は、見た目は同じでもプログラムにおいてはまったく意味の異なるデータです。変数を整数型として宣言していれば、そこに文字列の「100」を代入しようとしてもエラーが返ってきます。また変数の型を見れば、それだけで「ここの処理は整数に対するものなのだな」といった概要を知ることもできます。

　一方で変数を宣言するたびに、いちいち型を意識しなければならないのは不便な面があるのも否めません。実際のところ、その変数に入っているデータがどのような型なのかは、宣言時に型を決定しないような言語でも内部的に自動で把握はしてくれています。それができるのだから、わざわざ人が型を宣言する必要はないのでは、という意見も一理あるでしょう。

　あくまで筆者個人の好みとしては、型宣言がある言語の方がしっくりときます。プログラムを組みながら、同時に「この処理のこのデータは整数で、こちらはあのデータだから実数のはずで…」と処理構造を確認・確定していける感覚があるからです。しかしながら、これはあくまで筆者個人の感覚であって、プログラミングにおける正解は人それぞれでしょう。

具体的な型と型変換

　C 言語には整数型以外にも変数の型が用意されています。よく使うものだと、実数を扱える double 型と文字を扱える char 型があります。

　変数名には半角記号も使うことができます。記述例だと「pi_data」「str_data」が変数名です。実数型は小数点実数を扱える型で、この例だと円

型	記述例
実数型 double （8Byte 浮動小数点実数）	double pi_data; pi_data=3.14;
文字型 char	char str_data; str_data='B';

周率の値を変数に代入しています。文字型の変数には文字データを入れることができます。char 型の変数を宣言した際に確保されるメモリサイズは 1Byte となっており、これはつまり 1 バイト文字を 1 文字記憶できるということです。文字データはコンピュータの中で文字コードという 2 進数列で表現されている話はすでにしました。この文字コードを記憶するための箱が char 型の変数ということになります。

　型が違う変数間でデータのやりとりをしたいときには、型変換という処理を行うこともできます。

```
int data_A=10;
double data_B;
data_B=(double)data_A;
```

　3 行目の記述が型変換を行っている部分になります。data_B という double 型の変数へ、data_A という int 型の変数の中身を代入しようとしています。変数同士で代入処理を行うこともももちろん可能で、この場合は左辺の変数に右辺の変数の中身が代入されます。このとき、上の例では（double）という記述を data_A の前に付与しています。これはキャスト演算子と呼ばれるもので、この演算子が付与された変数の中身の型を指定されたものに変換した上で、代入処理が行われます。data_B の中身をもし画面に表示すると、「10.0」という実数の形で出力させることになるでしょう。

データ構造

　プログラム中で使いたいデータは、目的としている処理に応じてさまざまなものがあります。ここまで説明してきた変数は「一つの箱に一つのデータ」という構造でした。しかし、例えばクラス名簿のデータであれば、「一人目がA君、二人目がB君…」のように、連続したデータをまとめて一つと捉える方が自然です。このように何かしらのデータを効率的に扱うため、ある決まった形式で格納するための構造を**データ構造**と言います。

配列・・・

　配列は変数がずらっと並んだような形のデータ構造です。連続していることに意味のあるようなデータを記憶していくのに使うと非常に便利な構造です。

言語	記述
FE 擬似言語	○整数型：data_arr[5] ・data_arr[0] ← 10 ・data_arr[1] ← 20 ・data_arr[2] ← 30 ・data_arr[3] ← 40 ・data_arr[4] ← 50

C 言語	int data_arr[5];
	data_arr[0]=10;
	data_arr[1]=20;
	data_arr[2]=30;
	data_arr[3]=40;
	data_arr[4]=50;

Python	int_arr=[10, 20, 30, 40, 50]

　配列は変数と同じく、宣言をして領域の確保を行うことで使えるようになります。変数名のように、配列にも名前を付ける必要があり、それを配

列名と言います。また、連続して連なっている構造を表すのが添え字という部分です。例えば5つの整数を格納する配列 data_arr を宣言して、データを代入してみます。

　FE 擬似言語で見ていくと、代入されるのは整数なので整数型で配列を宣言しています。配列名は data_arr で、その後ろについている [5] が添え字を表す部分です。いくつのデータがつながるのかをここで示すことができます。今回の場合だと [5] ですから、5つの整数型の箱が連なった配列が宣言されることになります。この配列の箱の数のことを、配列の要素数と呼びます。今回の配列をきちんと説明するなら「要素数5の整数型配列 data_arr」となります。

　配列の各要素は、配列名と添え字を組み合わせて data_arr[0] のように表現します。FE 擬似言語の上から3行目は、配列 data_arr の前から2つ目の箱に 20 という整数データを代入するという動作を示しています。このとき注意すべきなのが「添え字は0から始まる」という点です。つまり、一つ目の箱の添え字は 0、二つ目の箱の添え字は 1 となるわけです。例えば data_arr[4] ← 50 という処理は、配列 data_arr の前から5つ目の箱に 50 という整数データを代入するという意味になります。

data_arr[0]　data_arr[1]　data_arr[2]　data_arr[3]　data_arr[4]

配列名 [添え字]

　C 言語は FE 擬似言語とほぼ同じ記述になっています。一方で Python は記述がまったく異なっています。しかし記述が違っても処理の内容は変わっていません。Python では配列の宣言と各要素へのデータ代入を一度

に行っています。最終的に出来上がる配列は同じで、int_arr[0] と記述すれば、それは 10 というデータが入っている箱を指し示しています。また、Python と同じような記述を実は C 言語でも行うことができます。しかし各言語の細かい記述に関する説明は本書の役目ではありませんので、ここでは触れません。

　C 言語では文字型というものがあり、これは 1 文字を記憶できるという型でした。そうすると、文字型の配列を作れば文字の連続、つまり文字列を扱うことができます。また、C 言語より後から登場した言語だと、一つの箱に文字列を一気に格納できる文字列型という型も用意されています。この文字列型の配列を用意すれば、クラス名簿のデータをうまく表現できます。

言語	記述
FE 擬似言語	○文字列型：class_name[3] ・class_name[0] ← "Motoyuki" ・class_name[1] ← "Satoru" ・class_name[2] ← "Seiji"
Python	class_name=["Motoyuki","Satoru","Seiji"]

　"Motoyuki" のように、ダブルクォーテーションで囲んだデータは文字列だと判断されます。この記述で出来上がるデータは次のようなものです。各々の名前が順番に格納されていますし、この連続したデータ全体に class_name という配列名が付いていますから、データのまとまり方も人間の感覚としっかり合っていると思います。

class_name[0]	class_name[1]	class_name[2]
Motoyuki	Satoru	Seiji

　また、配列には**二次元配列**という構造もあります。これは行と列が複数ある表のような構造です。わかりやすい例だと、九九の一覧表は二次元配列構造で示すのがよいでしょう。ここでは少し簡略化して、3 の段までの九九を考えてみます。

言語	記述
FE 擬似言語	○整数型：kk_data[3,3] ・kk_data[0,0] ← 1×1 ・kk_data[0,1] ← 1×2 ・kk_data[2,1] ← 3×2

C 言語	int kk_data[3][3];
	kk_data[0][0]=1*1;
	kk_data[0][1]=1*2;
	kk_data[2][1]=3*2;

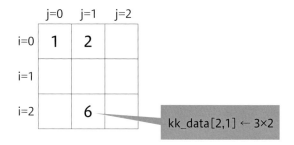

kk_data[3,3] というのが二次元配列の宣言で、これを kk_data[i, j] とすると i が行、j が列を表します。kk_data[3, 3] だと 3 行 3 列のデータが並べられる構造ということになります。二次元配列でも添え字は 0 から始まる点には注意してください。

構造体 ………………………………………………………………………

構造体は複数の項目に関する値が集まって構成されるデータを表現するための構造です。言葉で説明するのはなかなか難しいので、最初に例を出してしまいます。

これはある人物についての番号・身長・体重をセットとした個人データを表しています。番号は整数の通し番号で、身長と体重は小数第一位までの実数だとしましょう。この個人データは番号と身長と体重という複数の

言語	記述
FE 擬似言語	○構造型：person_data{ 　　　　　　整数型：p_id, 　　　　　　実数型：p_height, 　　　　　　実数型：p_weight} ・person_data.p_id ← 1 ・person_data.p_height ← 158.3 ・person_data.p_weight ← 53.4
C 言語	typedef struct{ 　　　　int p_id; 　　　　double p_height; 　　　　double p_weight; }Pdata Pdata person_data; person_data.p_id=1 person_data.p_height=158.3 person_data.p_weight=53.4

別項目に関する値が集まることで、ある一人分のデータを表現しています。このようなデータを表すものが構造体です。

　person_data というのが構造体型のデータ名です。FE 擬似言語を見ると、宣言のところで「構造型：person_data」と示されていますが、これは「今から何か複数の項目をまとめたデータ構造を作ります。そして、その構造を持った具体的なデータ person_data を作ります」という宣言です。

　次に、構造体としてどのような項目を一まとめにするのかを定めていきます。FE 擬似言語では person_data の後ろにある {整数型：p_id, 実数型：p_height, 実数型：p_weight} という部分がそれにあたります。人物の番号は整数型で、その値を入れる箱の名前は p_id とする、という意味です。他も同じく、p_height が身長、p_weight が体重の値を格納する箱の名前です。このような構造体を構成する要素のことを構造体の**メン**

バと言います。

　各メンバについては「構造体型のデータ名．メンバ名」のように「．」記号でメンバ名をつなぐことで参照することができます。例えば FE 擬似言語の 4 行目の person_data.p_id ← 1 は、person_data のメンバ p_id に 1 を代入する、という意味になります。

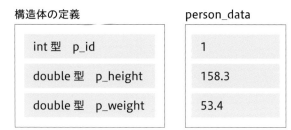

構造体の定義	person_data
int 型　p_id	1
double 型　p_height	158.3
double 型　p_weight	53.4

　少し複雑な話ですが、構造体の配列のようなデータ構造を宣言することもできます。person_data[3] のように宣言すれば、複数の人物についての個人データ構造を表すことができるでしょう。

person_data[0]	person_data[1]	person_data[2]
1	2	3
158.3	172.5	163.1
53.4	64.3	55.4

Chapter

演算子

この章で学ぶ主なテーマ

算術演算子
代入演算子
比較演算子
論理演算子
演算子の優先度

「身近なモノやサービス」から見てみよう！

　足し算、引き算、掛け算、割り算、俗にいう四則演算は数の計算における最も基本的な演算方法です。小学校のとき「こちらのカゴにはリンゴが 3 つ、もう一方のカゴにはリンゴが 2 つ、合わせるとリンゴはいくつでしょう？」なんて問題があったかもしれません。筆者は遠い記憶過ぎて、まったく覚えていませんが…。

　演算というのは、ある対象に対して何かしらの法則を適用すると、他の要素が作り出されるという一連の動作を表す言葉です。小難しい表現と思うでしょうが、先ほどのカゴの中のリンゴはまさにこの動作が行われています。「リンゴが 3 個入ったカゴ」と「リンゴが 2 個入ったカゴ」に対して、「足し合わせる」という法則を適用すると「リンゴが 5 個入ったカゴ」が生成されるわけです。

　こういった演算はさまざまなものがありますが、それをいちいち言葉で説明して、リンゴの数で表現するわけにもいきません。そこで「対象」も「適用する法則」も、何かしらの記号に置き換えてやれば非常

に表現が簡単になります。またリンゴだけではなく、ミカンの足し合わせについて考えるときも、ジャガイモの足し合わせについて考えるときも、記号で表しておけばすべて同じ記述で表現ができます。

　大変回りくどい説明でしたが、結局ここで言っているのは「2＋3」という足し算の書き方についてです。これは2という対象と3という対象に「＋」という法則を適用する、という動作を表しています。このとき、「＋」のように法則、つまり演算を表す記号のことを演算子と言います。

　足し算の「＋」や引き算の「－」などの演算子は算数の授業で誰しも習っているでしょう。また計算と言えば電卓ですが、ここにも当然これらの演算子のボタンが付いています。普段から見慣れているので、電卓を使うときには数字と＋のボタンを適切に押すだけで、いちいち「これは演算子だ」などと意識することもないはずです。

　しかし、プログラミングにおいては「演算法則を表す記号」は非常に重要です。プログラムを作る場合は「まずここまでの値を足して、それからその値と別の値の大小を比べて…」というように、一つの処理の流れの中でさまざまな演算を組み合わせて使います。電卓は基本的に一度きりの計算で終わりですが、プログラムでは演算子を組み合わせて複雑な処理をまとめて保存することで、何度でも一連の複雑な演算を行うことができるようになります。このようなプログラムを作るためには「演算法則を表す記号」の定義や知識が必要なわけです。

　実は、プログラミング言語には先ほどの四則演算だけでなく、いろいろな法則を表現する演算子が用意されています。この章では、プログラムにおいて演算処理を行うための記述である、演算子について詳しく説明していきたいと思います。

6-1

算術演算子

算術演算子は加算や減算など数値に対する演算を表す演算子です。基本的には四則演算を表すものと思ってもらってかまいません。一方で、追って 6-5 で説明しますが、インクリメント・デクリメントはプログラム特有の演算で、変数の中身を 1 つ増やす・1 つ減らすという操作を表します。

代表的な算術演算子 ……………………………………………………

どのような演算子が使えるかはプログラミング言語によって微妙に変わってきますが、ここでは C 言語の具体的な演算子を紹介していきます。なお、FE 擬似言語での記述例は、整数型の変数 ans を宣言している前提と考えてください。

演算子（C 言語）	FE 擬似言語での演算例 ○整数型：ans を前提として	意味
+	・ans ← 2+3	加算
-	・ans ← 6-5	減算
*	・ans ← 4×10	乗算
/	・ans ← 6÷3	除算
%	・ans ← 6%3	剰余

何も難しいところはないと思います。これらの算術演算はすべて、二項演算子と呼ばれる種類に属します。これも特に難しい話ではなく、演算の対象が 2 つであるということです。プログラムでは演算の対象を**オペランド**と呼びますが、二項演算は 2 つのオペランド間での演算であるということです。ちなみに、演算子のことは**オペレータ**と言います。表の例ではオペランドが数値ばかりですが、ここに変数を置くこともできます。その場合は変数の中のデータ間での演算となります。

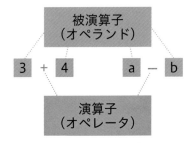

剰余演算子 •••

　剰余演算子 % はあまり見覚えがないかもしれません。これは「A% B」
という表記で、A を B で割ったときの余りを算出するという演算子です。
表の例では ans ← 6%3 とありますが、この場合だと変数 ans には 0 が
代入されます。6 を 3 で割ると、商が 2 で余りが 0 ですから、この余り
が演算結果として得られるわけです。

　剰余は例えば、偶数と奇数の判定をする際に使えます。偶数というのは
2 で割り切れる数のことですから、つまり割った余りが 0 になります。
逆に奇数なら 2 で割った余りは必ず 1 です。整数型の変数 i に何か値が入っ
ていたとして、i%2 の結果が 0 だったなら、i の中身は偶数とわかります。

6-2

代入演算子

代入演算子は変数へ値を代入する動作を表す演算子で、今までの章でもすでに出てきています。FE擬似言語では「←」という記号で代入演算を表しますが、多くの高水準言語における具体的な記述では「=」で代入を表すことが多いです。

「等しい」とは違う

多くの高水準言語では代入演算子として「=」の記号を使います。この記号は算数や数学でもよく見ると思いますが、そこでの使われ方は「等号」で、右辺と左辺が等しいということを表す記号として使われています。しかし、多くの高水準言語においては「=」記号を等号の意味では使いません。ここを間違えると、次のような記述に混乱してしまうかもしれません。例としてC言語の記述を示します。

```
int ans=10;
ans=ans+2
```

1行目は整数型の変数ansを宣言し、そこに10を代入しています。次に2行目ですが、これを算数や数学の式としてみると「ansの値と、ansに2足した値が等しい」と言っていることになりますから、ありえない記述です。しかしC言語によるプログラムにおいて=は代入を表しますから、現在の変数ansの中身に対して2を足した値をansに代入する、という意味になります。元のansの中身が10ですから、この演算処理を行った後はansの中身が12に代わっているということです。

どうしても演算というと、先に示した算術演算子のように「数値と数値から数値を作る」ものを思い浮かべがちです。しかし演算とは「ある対象に対して何かしらの法則を適用すると他の要素が作り出される」という動

作であり、対象は数値だけではありません。代入演算子も「変数と数値」や「変数と変数」を対象として、「左辺の変数の中身を右辺に入れる」という他の要素を生み出していますので、立派な演算です。代入先と代入元が必要ですから、代入演算子は二項演算子ということになります。

代入演算子と複合代入演算子 ··

　以下に代入演算子の一覧を示します。一番上が通常の代入演算子で、それ以降がすべて**複合代入演算子**と呼ばれるものです。演算子の具体例はC言語のものです。

演算子（C言語）	FE擬似言語での演算例 ○整数型：ans を前提として	意味
=	・ans ← 2	変数 ans に 2 を代入
+=	・ans ← ans+2	変数 ans に ans+2 を代入 ans=ans+2 と同じ
-=	・ans ← ans-2	変数 ans に ans-2 を代入 ans=ans-2 と同じ
*=	・ans ← ans×2	変数 ans に ans*2 を代入 ans=ans*2 と同じ
/=	・ans ← ans÷2	変数 ans に ans/2 を代入 ans=ans/2 と同じ
%=	・ans ← ans%2	変数 ans に ans%2 を代入 ans=ans%2 と同じ

　複合代入演算子は算術演算と代入演算を組み合わせた演算を表すものです。プログラミングにおいて、ある変数の現在の値に対して何か算術演算を行い、その結果で元の変数を上書きする、という動作はよく出てきます。その場合、代入先の変数名も算術演算対象の変数名も同じです。複合代入演算子によって、同じ変数名を繰り返し書かずに、簡潔な記述で代入から算術演算までの処理を記述することができます。

6-3

比較演算子

　比較演算子はその名前の通り、「比較」という演算を行うためのものです。比較演算子は二項演算子で、AとBの中身について比較を行い、その比較結果が正しいか正しくないかのどちらかを結果として返します。

真偽と論理型

　演算結果が正しい・正しくないというのは、まさに3章で示した「命題に対する真・偽」のことです。つまり比較演算子は演算対象の2つの項から、真か偽かを導出する演算ということです。プログラムにおいて真・偽をどのようなデータで表現するかは言語によって異なり、True・Falseのような表記の場合もあれば、整数の0を偽・0以外を真とする、などもあります。そして、このような真か偽を表現するデータの型として論理型というものがあります。比較演算子では、演算結果として論理型の値が導出されることになります。

主な比較演算子

　主な比較演算子をC言語の記述とともに示します。

演算子（C言語）	FE擬似言語 ○整数型：ansを前提として	意味
==	・ans=1	ansと1が等しい
!=	・ans ≠ 1	ansと1が等しくない
<=	・ans ≦ 1	ansが1以下
<	・ans<1	ansが1より小さい
>=	・ans ≧ 1	ansが1以上
>	・ans>1	ansが1より大きい

　すぐに思いつく二項間での比較は、これですべて揃っているのではないでしょうか。FE擬似言語で比較演算子を用いたプログラム例を一つ示してみます。

○整数型：ans ← 10
○論理型：b_data
・b_data ← ans<10

　まず整数型の変数 ans を宣言して、そこに 10 を代入しています。2
行目は論理型変数 b_data の宣言で、この後の比較演算子の演算結果を代
入するためのものです。比較演算は ans<10 なので、意味としては「変
数 ans の中身が 10 より小さいか」という比較の真偽が導出されること
になります。ans の中身は 10 ですので「10 より小さい」は偽となりま
すから、ans<10 という二項演算の結果は偽です。結果として b_data に
は False が代入されることになります。

　ところで、代入演算子のところで「C 言語では代入を = で表す」「等号
とは違う」と説明しました。ところが FE 擬似言語では、比較演算子の等
しいに「=」記号を使っています。話が少々面倒になってしまっていますが、
誤解のないようにしてください。

意味	C 言語の演算子	FE 擬似言語の演算子
代入	=	←
比較（等しい）	==	=

6-4

論理演算子

論理演算子は 3 章で触れた論理演算を表すものです。コンピュータで扱う基本的な論理演算である AND 演算・OR 演算・NOT 演算が用意されています。AND と OR 演算が二項演算、NOT 演算は一項演算です。

比較演算との組み合わせ ……………………………………………

論理演算は真・偽を対象とした演算でした。プログラムにおいては、二項演算ならば論理型と論理型から論理型を、一項演算なら論理型から論理型を導出する演算ということになります。

ところで先に説明した比較演算は、演算結果として論理型の値を得ます。そうすると、比較演算の結果を対象として、論理演算を行うことができます。例えば「ans が 0 以上かつ 10 以下」という論理演算を表したいとしましょう。「かつ」は AND 演算ですから、ans が 0 以上という命題と ans が 10 以下という命題で AND を取ればよいということになります。そして、ans が 0 以上・ans が 10 以下は、どちらも変数 ans と整数を対象とした比較演算です。

多くの場合、プログラムにおける論理演算の用法は、このような比較演算子との組み合わせです。

論理演算子 ・・・

コンピュータで扱う論理演算3種類を表す演算子は次の通りです。

演算子（C言語）	FE擬似言語 ○整数型：ans を前提として	意味
&&	・ans ≧ 0 and ans ≦ 10	AND演算 ans が0以上かつ ans が10以下
||	・ans = 0 or ans=10	OR演算 ans が0と等しい もしくは10と等しい
!	・not ans=10	ans が10ではない

　AND・OR演算について、FE擬似言語で示した例はどちらも比較演算子との組み合わせです。一方でNOT演算は一項演算なので、対象は1つです。

```
○整数型：ans ← 10
○論理型：b_data1
○論理型：b_data2
・b_data1 ← ans = 0 or ans=10
・b_data2 ← not b_data1
```

　この例であれば、まず ans=0 と ans=10 の比較演算から、それぞれ False と True の結果を得ます。そうすると False or True の論理演算が行われることになるので、全体として結果は True です。これが論理型の変数 b_data1 へ代入されることになります。次に b_data2 には not b_data1 の結果が代入されます。論理型変数 b_data1 の中身は True ですから、それに NOT 演算をした結果は False となります。

6-5

演算子の優先度

　1+2×3 という演算を考えるとき、左から順に演算子を処理するのは誤りです。四則演算において、掛け算・割り算は足し算・引き算より優先度が高いというルールがあるからです。この演算の場合、先に 2×3 をしてからその結果と 1 を足し合わせなければいけません。それと同じように、プログラムにおける演算子にも優先度が設定されています。

優先度••

　優先度順に並べた演算子の一覧は次のようになります。

優先度	演算	FE 擬似言語	C 言語
1	単項演算子	not　+　-	!　++　--
2	算術演算子	×　÷　%	*　/　%
3	算術演算子	+　−	+　-
4	比較演算子	=　≠ ≦　< ≧　>	=　!= <=　< >=　>
5	論理演算子	and	&&
6	論理演算子	or	||
7	代入演算子	←	= +=　-= *=　/=　%=

　まず単項演算子は最も優先度が高いです。論理演算子の NOT のみを紹介しましたが、FE 擬似言語には他にインクリメントとデクリメントという単項演算子も存在しています。C 言語だと ++ と -- という記述になり、「ans++」や「++ans」のように変数の前か後ろに付与して使います。インクリメントが 1 つ増やす、デクリメントが 1 つ減らすという意味で、実際のプログラミングでは反復処理を書くときによく使われます。ただ、同じ意味は ans=ans+1 や ans+=1 でも記述可能です。

次に優先度が高いのは算術演算子で、その中でも乗除演算の方が加減算より優先されます。これは算数で習った順番と同じです。その次が比較演算子、論理演算子と続きます。比較演算子はどの種類もすべて優先度は同じです。論理演算子は AND 演算の方が優先度が高いです。そして最後が代入演算子です。

優先度による結果の変化 ··

演算子の優先度を意識しておかないと、実行結果が予期せぬものになる可能性があります。次に示す FE 擬似言語のプログラムがどのような挙動になるか考えてみましょう。

```
○実数型：ave_h
○実数型：h[3]
・h[0] ← 152.3
・h[1] ← 168.7
・h[2] ← 159.1
・ave_h ← h[0]+h[1]+h[2]÷3
```

実数型の要素数 3 の配列 h に身長のデータが代入されており、それらから平均身長を算出するというプログラムです。平均ですからデータをすべて足し合わせ、それからデータ数で割ってやればよいことになります。演算子としては足し合わせに加算演算子 + を、割り算に除算演算子 ÷ を用います。この処理をプログラムでは h[0]+h[1]+h[2]÷3 と記述しています。しかしこの計算をすると、結果は 374.03 となってしまいます。平均身長 3m 超えです。

　原因は単純で、除算演算子÷の方が加算演算子＋より優先度が高いため、h[2]÷3が先に実行されてしまうのです。演算結果は53.03で、それに152.3と168.7の合計321を加算して374.03となるわけです。

　正しい記述にするためには、先にh[0]～h[2]の加算をするのだと明記しなければいけません。算数や数学の式でこのような優先度の変更を表すのに、式を（　）で囲むという表現があるのはご存知でしょう。プログラムでも同じことができます。

FE 擬似言語	C 言語
○実数型：ave_h	double ave_h=0.0;
○実数型：h[3]	double h[3];
・h[0] ← 152.3	h[0]=152.3;
・h[1] ← 168.7	h[1]=168.7;
・h[2] ← 159.1	h[2]=159.1;
・ave_h ←（h[0]+h[1]+h[2]）÷3	ave_h = (h[0]+h[1]+h[2]) / 3;

　これでave_hには正しい平均身長160.03が代入されます。

　ところで、次のようなプログラムを実行すると変数ave_hの最終的な中身は何になるでしょうか。

```
○実数型：ave_h
○実数型：h[3]
・h[0] ← 152.3
・h[1] ← 168.7
・h[2] ← 159.1
・ave_h ← h[0] ← h[1]
```

　最後のave_hへの代入がave_h ← h[0] ← h[1]となっています。これを実行すると、ave_hの中身は168.7になり、h[1]の中身と同じになります。

　これは代入演算子の**結合規則**が「右から」だからです。結合規則というのは、式の中にある演算子の優先度が同じだった場合に、どの演算子から先に処理を行うかを定めたルールです。

　多くの演算子は、この結合規則が「左から」です。例えば先ほどの h [0] +h [1] +h [2] であれば、まず h [0] +h [1] が実行されてから、その結果 +h [2] となります。一方で代入演算子は結合規則が「右から」なので、ave_h ← h [0] ← h [1] であれば、まず h [0] ← h [1] が実行されます。この演算により、h [0] の中身が h [1]、つまり 168.7 となります。その後に ave_h ← h [0] が実行されるので、最終的に ave_h の中身も 168.7 となるわけです。

　代入演算子の結合規則が「右から」なのは当然で、代入は左辺の変数へ右辺を入れるわけですから、右辺が先に演算され終わっていないと何を入れればよいのかわかりません。ですから右辺、つまり「右から」演算子を処理していくわけです。

Keyword

▶**基本情報技術者試験**

情報技術の基礎知識を評価する資格試験。「FE 試験」とも呼ばれる。試験は日本の独立行政法人である IPA（情報処理推進機構）が主催し、通常、年に 2 回実施される。試験内容は、コンピュータシステムの基本的な知識、プログラミング言語、データベース、ネットワーク、セキュリティ、ソフトウェア開発など、幅広い情報技術に関する問題が出題される。合格することで基本情報技術者としての知識と能力を持っていることを国家資格として認定され、情報処理技術者資格の一つである「基本情報技術者」となることができる。

▶**変数の型**

プログラミング言語において変数が保持できるデータの種類を指す概念。変数はメモリ内に確保された場所であり、その場所に格納される値の型によって、その変数がどのようなデータを表現するかが決まる。プログラミング言語によって異なる場合があるが、一般的に使用される変数の型には以下のようなものがある。

分類名	型名	説明
整数型	int	整数を扱う型
実数型	float/double	小数を含む実数を扱う型
文字型	char	単一の文字を扱う型
文字列型	string	複数の文字を組み合わせた文字列を扱う型
論理型	boolean（bool）	真偽値（True・False）を扱う型

プログラミング言語によっては他の型が存在する場合がある。変数の型は、その変数に対して行われる演算や操作の種類、データの制約、およびメモリの使用方法に影響を与える。正しい型を使用することでデータを適切に表現し、予期しないエラーやバグを防ぐことができる。

Chapter

7

繰り返し

この章で学ぶ主なテーマ

反復処理
反復と配列
入れ子構造の反復

「身近なモノやサービス」から見てみよう！

　同じ動作を繰り返すような事柄というのは日常でもよくあります。例えば歩行者用の信号機は「青を光らせる」「点滅する」「赤を光らせる」という、ある定まった一連の処理を繰り返すことで交通整理を行います。

　細かな温度調整ができる電気ポットは、お湯が冷たくなったら温め、熱くなったら加熱を止めるという動作を、温度センサでお湯の温度を検知しつつ繰り返しています。車の組み立て工場ではマシンアームが部品を器用に扱い、同じ車種の車を大量に作っていきますが、これも1台分の動作をプログラミングしておけば後はそれを繰り返せばよいでしょう。むしろ同じ処理を繰り返すという流れだからこそ、ズレの少ない同じ規格の製品が作れると言えます。

　昨今の人工知能の分野では「大量のデータから特徴を自動的に取り出す」という処理が主流ですが、これもコンピュータが大量のデータを扱える記憶装置や演算装置を持ち、同じ動作を途方もない回数繰り

返すという動作を行えるから実現できていることです。プログラムを用いて処理したい事柄には「人間が手で実行するには量が多すぎる」というものが多々あります。繰り返し処理はそのような問題をあっさりと解決してくれるのです。

　「ある定まった一連の処理を繰り返す」という動作は、プログラムにおいては反復処理と呼ばれ、プログラムの基本的な流れの一つです。もし反復処理という流れがなければ、たとえ何度も繰り返す処理であったとしても、順次処理で行うように何回も同じ命令を書かなければいけません。繰り返す回数が10や20であれば、それだけの回数の命令を書くこともできなくはないでしょうが、1000や10000の回数となればとても記述していられません。まして信号機の動作などは延々と繰り返す必要があります。プログラム、ひいてはコンピュータはたくさんの処理を高速で実行するところが強みですから、そういう意味でも反復処理で実行したい事柄を表現するのは大変重要です。

　プログラムにおいて反復処理を行うには、もちろんまず反復処理の挙動を理解しなければいけません。繰り返しを続けるか続けないかの条件設定をする方法などを把握する必要があります。また、それと合わせて「何を繰り返せばよいのか」という、反復処理で繰り返す対象の処理を適切に取り出す能力も必要です。

　この章ではプログラムにおける反復処理の作成方法について説明していきます。さらに具体的なプログラム例を見つつ、反復処理の動作を追っていきましょう。

7-1

反復処理

　反復処理はプログラムの基本構造の一つで、ある処理を繰り返し実行する構造のことです。プログラムではたくさんのデータに対して同じ処理を行う要求をする機会が多々あります。そのとき、同じ処理を何度も書くよりも、一度だけ処理を書いておいてそれを繰り返す方がスマートです。また、繰り返し回数が多くなると処理を必要回数分書くことがそもそも現実的ではありませんし、信号機の例のように延々と繰り返すような処理の場合、必要回数は言うなれば「無限」ですから、そもそも書くことが不可能です。実行回数がわからないような処理には反復処理が必要不可欠となります。

反復の条件 ･･･

　反復処理は処理を繰り返し行う構造ですが、この繰り返しをどれだけ行うのかを定めておかなければ、処理が延々と続いてしまいます。無限の繰り返しが必要な場合はそれでも良いですが、大抵の場合は繰り返し回数が決まっていたり、繰り返しを終了する条件が決まっている処理が多いです。そして、コンピュータはプログラムに書かれたことしかできませんから、はっきりと「繰り返しが終わる条件」を決めて書いておかなければいけないのです。

　プログラムの反復処理において、繰り返しが終わる条件というのは「ある条件が正しい間は繰り返す」という記述で作り出します。例えば5回繰り返したいのだとすれば、繰り返し回数を数えておく変数を用意して「変数の中身が5以下という条件が正しい間は繰り返す」とするわけです。そしてこれは演算子の章（6章）で説明した、比較演算子によるTrue・Falseの演算結果で表現できます。

> ・$i \leqq 5$ 　　/* 変数 i が5以下なら演算結果は True*/

　次の節から3種類の具体的な反復処理について説明していきますが、そのどれもが繰り返し条件をこの True・False によって判断します。どの反復処理でも条件を記述する部分があり、その条件部分の演算結果が True ならば処理を繰り返す、というのが共通した動作になります。

前判定の反復処理 ･･

　前判定というのは、条件の判定を繰り返しの前に行うという意味です。まず条件を判定し、それが True だったときは繰り返す処理を実行します。

　ここでは前判定の反復処理の形として、While 文の形と For 文の形の2つを紹介したいと思います。なお「〜文の形」という呼び方は、説明をしやすくするために筆者が勝手に命名しています。While や For という記述は、多くの高水準言語において反復処理によく使われる書き方から取ってきています。ではまず、それぞれの反復処理を FE 擬似言語で記述してみます。

While 文の形	For 文の形
○整数型：i ← 1	○整数型：i
○整数型：ans ← 0	○整数型：ans ← 0
■ i ≦ 5	■ i:1,i ≦ 5,1
｜・ans ← ans+i	｜・ans ← ans+i
｜・i ← i+1	■
■	

　FE 擬似言語では反復処理を2つの■記号とその間をつなぐ｜で書き表します。■で挟まれた行が繰り返し実行する処理になります。

　なお、本来は間をつなぐ縦棒は分割することなく一本の線なのですが、キーボードで記述するには不便なため、この本では｜記号を縦に並べることで表現したいと思います。

While 文の形の反復処理 ······························

■条件式
| ・繰り返し処理
■

　まず While 文の形の反復処理では、上の■の横に書いているのが繰り返しの条件式です。プログラムは基本的に順次処理で上から実行されていき、最初の■に当たると条件式の演算が行われます。例に示したプログラムならば比較演算子を用いた式 i ≦ 5 の演算が行われ、変数 i の値は最初に 1 が代入されていますから、演算結果は True となります。

　条件式が True だと確認できると、■で囲まれた中の繰り返し処理が実行されます。まず ans ← ans+i は、変数 ans に最初 0 が代入されているので、0+1 で 1 が ans に代入されます。その次に i ← i+1 とありますが、これは i が 1 ですから 1+1 で 2 となり、この 2 が i に代入されます。

　次の行は 2 つ目の■になっていますが、これは繰り返し処理の末尾を表します。ここに到達すると、処理の流れは上の■まで戻ります。これが繰り返し処理の重要な動作です。順次処理と違い、処理が上に戻るという動作が起こるわけです。

　上の■に戻ると再び条件式の演算を行い、True・False の判定を行います。このとき、条件式の演算結果が False だった場合は繰り返し処理は実行されず、末尾の■の次から順次処理へ戻ります。繰り返しが終了するわけです。

For 文の形の反復処理 ……………………………………………

> ■変数名：初期値 , 条件式 , 増分
> │・繰り返し処理
> ■

　For 文の形の反復処理も、■や│の記号は同じです。先ほどは条件式の
みだった部分に内容が増えたことで、回数によって繰り返しを制御する記
述がしやすくなっています。カウンタとして作用する変数を用意し、繰り
返し処理が行われるたびにその変数の中身を増やすという動作を書くこと
ができます。

　まず「変数名：初期値」の記述はカウンタ変数の提示と、その初期値の
設定です。例えば i : 1 と書けば、変数 i を繰り返し回数のカウンタとし
て使い、最初は 1 から数え始めるということになります。この処理は反
復処理の最初に一度だけ行われ、それ以降の繰り返しでは実行されません。

　次の条件式は While 文の形と同じで、ここに記された式の演算結果が
True の場合は繰り返し処理を行い、False なら繰り返しを終了します。

　最後の増分は、カウンタ変数をいくつずつ増やしていくかを提示する部
分です。条件式が True だった場合、まず繰り返し処理が実行されます。
そしてすべての繰り返し処理の実行が終わった段階で「カウンタ変数←カ
ウンタ変数 + 増分」の演算が実行されます。増分を 1 としておけば、繰
り返し処理が一度終わるたびにカウンタ変数の値を 1 つ増やすことがで
きるわけです。この増分処理が終わってから、再び条件式の判定が行われ
ます。なお．増分を負の値にすれば繰り返しの度にカウンタ変数を減らし
ていくような処理も可能になります。

7-2

反復と配列

　変数の章（5章）でデータ構造の話をしました。そこで紹介した配列という構造は、反復処理と非常に相性が良いです。ここでは反復処理の実例を示しながら、反復と配列の組み合わせ方を見ていきましょう。

1000人の平均身長

　ある学校の全校生徒の平均身長を出したいとしましょう。身長のデータはきちんと実数型の配列 h[1000] に整理されているとします。さて、平均ですから 1000 人分のデータをすべて足し合わせて、これを 1000 で割れば完了です。非常に簡単ですね。

```
・ave_h ← （h[0]+h[1]+h[2] +h[3] +h[4] +h[5] +h[6]…
```

　どうも雲行きが怪しいです。1000 人分の身長データがあるわけですから、もちろん配列の要素は 1000 です。その一つ一つを足していきますから、h[0] から最後まで順に加算する記述を書かねばなりません。不可能だとは言いませんが、とてもやりたくはありません。

反復による処理手順

　A さんの身長データと B さんの身長データと C さんの身長データと…を足す、という動作を h[0]+h[1]+h[2] +h[3] +h[4] +h[5] +h[6]…のように書くとして、これはどのような順番で処理されているのでしょう。使われている演算子は加算演算子 + ですから、結合規則は「左から」です。つまり、まずは h[0]+h[1] を処理して、その結果に +h[2] をして、その結果に +h[3] をして…を繰り返して 1000 個のデータの合計値を出しています。そう考えると、1000 個のデータを足すというのは「前の結果に次の値を足す」という動作の反復に置き換えることができそうです。この

考えでプログラムを作ってみましょう。

　「前の結果に次の値を足す」という処理に必要そうな要素を考えましょう。まず「次の値」というのは、次に足すべき身長データのことです。身長データそのものは配列 h に用意されていますから、それを使えばよさそうです。次に「前の結果」とありますが、これも何かしらの変数に記憶しておかなければいけないでしょう。では、前の結果を整数型の変数 sum_data に記憶することにしてみます。

```
○実数型：h[1000]
○実数型：sum_data
```

　あとは「前の結果に次の値を足す」を繰り返せばよいはずです。さて、ここで「前の結果」ですが、処理の一番初めには「前」はないはずです。処理を開始したときには、まだどの身長も足し合わせていないからです。ということは、合計値は 0 から始まるはずです。

```
○実数型：h[1000]
○実数型：sum_data ← 0
```

　ここからやっと、「前の結果に次の値を足す」を考えていけます。現在、前の値である 0 が sum_data に入っています。これに次の値を足すわけですが、次というのは今回の場合、身長データの一番初めの値です。これが足し始めですから、データの先頭から見ることになります。つまり「前の結果に次の値を足す」は sum_data+h[0] です。これで「前の結果に次の値を足す」の 1 回目が完了しましたから、続けて 2 回目を行っていきましょう。次は今計算した sum_data+h[0] の結果に次の値 h[1] を足さなければいけません。しかしここで sum_data+h[0]+h[1] と書いてしまうと、怪しい雲行きに戻ってしまいます。

　繰り返したいのは「前の結果に」次の値を足すという動作です。そして前の結果は sum_data に記憶しておくことにしたのでした。さて、h[1] が「次の値」であるとき、その前の値は sum_data+h[0] の結果で、それが sum_data に代入されていなければならないわけです。なんだか複雑な気がします。一度、ここまでの処理をそのままプログラムに書いてみましょう。

```
○実数型：h[1000]
○実数型：sum_data ← 0
・sum_data ← sum_data+h[0]    /*sum_data+h[0] を sum_data へ代入 */
```

　こうすると、最初は 0 だった sum_data の中身が 0+h[0] に変わります。つまり「前の結果」を記憶している sum_data の中身が更新されたわけです。ではここに次の値 h[1] を足してみましょう。もちろんそのときも、sum_data の値は更新していきます。次に h[2] を足すときに必要なはずです。

```
○実数型：h[1000]
○実数型：sum_data ← 0
・sum_data ← sum_data+h[0]    /*sum_data+h[0] を sum_data へ代入 */
・sum_data ← sum_data+h[1]    /*sum_data+h[1] を sum_data へ代入 */
```

　上から 4 行目の段階では、sum_data の中身は 0+h[0] になっています。代入演算子の結合規則は右からですから、sum_data+h[1] が先に処理されます。つまり、0+h[0]+h[1] となるはずです。そしてその結果で sum_data を再び更新しています。まさに「前の結果に次の値を足す」動作になっているわけです。

　さて、ここでプログラムを眺めてみると、非常に似た処理の記述が並んでいます。違いは最後に足す配列 h の添え字が 0 か 1 かだけです。この部分は「次の値」を表している部分ですから、もちろん最後の h[999] ま

で足す必要があります。1000個のデータですが、添え字は0から始まるので配列自体は h[999] が最大です。ということは、足し合わせる次の値を h[i] とすれば、「sum_data ← sum_data+h[i]」という処理を「i=0から i=999 までの1000回繰り返す」とすればよさそうです。これで身長の合計値が出ますから、あとは反復処理が終わった後にこれを1000で割れば平均身長となるでしょう。では処理をすべてプログラムに書き表してみましょう。

FE 擬似言語	C 言語

○実数型：h[1000]
○実数型：ave_h
○実数型：sum_data ← 0
○整数型：i ← 0
■ i<=999
｜・sum_data ← sum_data+h[i]
｜・i ← i+1
■
・ave_h ← sum_data÷1000
	double h[1000];
	double ave_h;
	double sum_data=0;
	int i=0;
	while(i<=999){
	　sum_data=sum_data+h[i];
	　i++;
	}
	ave_h=sum_data/1000.0;

　最初は加算演算を1000個書こうとしていたプログラムが、たったこれだけの記述になりました。ちなみに今回は条件の部分を「i<=999」としましたが「i<1000」でも同じ意味になります。前者は999を含みますが、後者は1000を含みませんから i はどちらも「999以下」となります。

　ところでこの節のテーマは「反復と配列」でした。プログラムを見てみると、h[i] のように添え字を変数にして、その変数を反復で1つずつ増やす、という組み合わせ方しています。まさにこのような記述がプログラムではよく出てきます。配列のデータが連続で並んでいるという構造と、同じ動作を反復させるという処理の相性が非常に良いわけです。

反復処理に落とし込む ··

　プログラムで反復処理を適切に用いるには、当然ながら「何を繰り返し処理したいのか」を考える必要があります。そのためにはプログラム全体で実行したい大きな処理から、その処理に必要なデータと動作を細分化し、分けられた処理のうち繰り返されているものを取り出す必要があります。

　言葉で説明すると抽象的かつ難しいことのように思えますが、今回の例のように「計算しなければならないもの」を順に具体化していけば把握しやすいのではないかと思います。連続したデータは基本的に配列で考え、そのデータを使う演算がどのような式になるかを書き下してみると、似たような記述の繰り返しが見えてくるかもしれません。

入れ子構造の反復

　入れ子構造は別名「ネスト」とも呼ばれ、ある構造の中に同じ構造が入り込んでいるような状態を指す言葉です。この構造はプログラムにおいて頻繁に出現しますが、処理の流れが少し掴みにくいです。ここでは九九の計算を例にして、反復処理における入れ子構造を作ってみましょう。

　「ごいちがご、ごにじゅう、ごさんじゅうご、ごしにじゅう…」と文字にすると少し妙な感じがしますが、これは九九の五の段です。九九とは1〜9までの乗算の組み合わせを覚えるための語呂・テンポのよい読み方のことです。9×9の81通りの乗算結果の一覧を「音」で覚えることができます。さて、ここまで反復処理について学んできたあなたなら、「九九ってなんとなく同じ動作の繰り返しっぽいなあ」と感じないでしょうか。確かに乗算という演算を反復していますし、対象の数値の変化にも規則性がありそうです。

九九を計算する

　九九の計算をもう少し細かく見てみましょう。最初は1に対して1〜9をかけて、次に2に対してまた1〜9をかけて…これを9まで行えばよさそうです。繰り返されている構造を取り出すと「iに対して1〜9をかける」という処理が出てきます。この処理をi=1からi=9までの9回繰り返せばよいわけです。

　配列の添え字は0から始まりますがiは1から開始にしているため、演算結果を格納する二次元配列側の記述が少し面倒になっています。ただここは、反復処理の本質的な部分ではありません。「iの最初の値は1」「i≦9という条件がTrueの間は反復する」「反復ごとにi←i+1でiの値を1増やす」というのが重要な部分です。二次元配列に代入されている計算式は「i×1」から「i×9」までの9種類です。これは「iに対して1〜

```
○整数型：kk_data[9,9]
○整数型：i=1
■ i ≦ 9
| ・kk_data[i -1,0] ← i×1      /*kk_data[i -1,0] に i×1 を代入 */
| ・kk_data[i -1,1] ← i×2      /*kk_data[i -1,1] に i×2 を代入 */
| ・kk_data[i -1,2] ← i×3      /*kk_data[i -1,2] に i×3 を代入 */
| ・kk_data[i -1,3] ← i×4      /*kk_data[i -1,3] に i×4 を代入 */
| ・kk_data[i -1,4] ← i×5      /*kk_data[i -1,4] に i×5 を代入 */
| ・kk_data[i -1,5] ← i×6      /*kk_data[i -1,5] に i×6 を代入 */
| ・kk_data[i -1,6] ← i×7      /*kk_data[i -1,6] に i×7 を代入 */
| ・kk_data[i -1,7] ← i×8      /*kk_data[i -1,7] に i×8 を代入 */
| ・kk_data[i -1,8] ← i×9      /*kk_data[i -1,8] に i×9 を代入 */
| ・i ← i +1
■
```

9 をかける」という動作を表しています。そしてこの 9 種類の動作全体を反復処理で囲ってやり、「i =1 から i =9 までの 9 回繰り返す」という処理を実現しているわけです。例えば i の値が 1 のときであれば、反復処理の中の各箇所は具体的に以下のようになります。

```
■ i ≦ 9
| ・kk_data[0,0] ← 1×1      /*kk_data[0,0] に 1×1 を代入 */
| ・kk_data[0,1] ← 1×2      /*kk_data[0,1] に 1×2 を代入 */
| ・kk_data[0,2] ← 1×3      /*kk_data[0,2] に 1×3 を代入 */
| ・kk_data[0,3] ← 1×4      /*kk_data[0,3] に 1×4 を代入 */
| ・kk_data[0,4] ← 1×5      /*kk_data[0,4] に 1×5 を代入 */
| ・kk_data[0,5] ← 1×6      /*kk_data[0,5] に 1×6 を代入 */
| ・kk_data[0,6] ← 1×7      /*kk_data[0,6] に 1×7 を代入 */
| ・kk_data[0,7] ← 1×8      /*kk_data[0,7] に 1×8 を代入 */
| ・kk_data[0,8] ← 1×9      /*kk_data[0,8] に 1×9 を代入 */
| ・i ← i +1
■
```

　これは二次元配列 kk_data の 0 行目に、1 の段の計算結果を入れているということです。この次の繰り返しは i ← i +1 が行われてから実行されますから、i の値は 2 になっているはずです。そうすると kk_data の 1 行目に、2 の段の計算結果が順に入ることになります。これを i ≦ 9 まで繰り返すので、9 の段までの計算がすべて行われます。

　さて、ここで FE 擬似言語のプログラムを眺めると、どうも似たような記述が並んでいるように見えます。「i に対して 1 〜 9 をかける」という 9 種類の動作は、もう少し抽象的に見れば、「i に j をかける」という乗算です。そしてこの j が 1 から 9 まで変化しているわけですから、これは「i に j をかける」を「j=1 から j=9 までの 9 回繰り返す」という動作になるはずです。

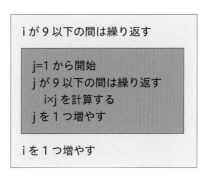

　ここまでの動作を整理しましょう。行いたいのは九九の計算で、それを i×j という形で表現します。まず i=1 のときについて計算を行っていきます。これは 1 の段を計算するフェーズです。さて、ここで 1 の段は i=1 に対して j=1 〜 9 を順にかけていくことで算出されますから、i の値は 1 のままで j を 1 〜 9 まで変動させつつ、その時点での i×j を算出していきます。そうして j が 9 のときの計算が終われば、次は i=2 として 2 の段の計算を行います。ここで i=2 に対しては、再び j=1 〜 9 を順にかけていかなければいけません。つまり、「i=1 〜 9 で 9 回繰り返す」という反復処理の毎回で、「j=1 〜 9 で 9 回繰り返す」という反復処理を行うわけです。このように「ある処理構造の中に同じ処理構造が入っている」状態

を入れ子構造やネストと言うのです。今回の場合は「iの反復処理の中にj
の反復処理が入っている」という入れ子構造です。

　長々と説明しましたが、では九九の一覧を算出するプログラムを入れ子
構造に変えてみましょう。

FE 擬似言語	C 言語

○整数型：kk_data[9,9]
○整数型：i=1
○整数型：j=1
■ i ≦ 9
｜■ j ≦ 9
｜｜・kk_data[i-1,j-1] ← i×j
｜｜・j ← j+1
｜■
｜・i ← i+1
■
	```int kk_data[9][9];```
	```int i=1;```
	```int j=1;```
	```while(i<=9){```
	``` while(j<=9){```
	``` kk_data[i-1][j-1]=i*j;```
	``` j++;```
	``` }```
	``` i++;```
	```}```

　プログラムが非常にシンプルになりました。ちなみにこれは反復処理を
while文の形の前判定で行いましたが、iもjも毎回1ずつ増えることを
考えるとfor文の形の反復処理の方がよりシンプルになります。

FE 擬似言語	C 言語

○整数型：kk_data[9,9]
○整数型：i
○整数型：j
■ i：1,i ≦ 9,1
｜■ j：1,j ≦ 9,1
｜｜・kk_data[i-1,j-1] ← i×j
｜■
■
	```int kk_data[9][9];```
	```int i;```
	```int j;```
	```for(i=1;i<=9;i++){```
	``` for(j=1;j<=9;j++){```
	``` kk_data[i-1][j-1]=i*j;```
	``` }```
	```}```

　九九の計算は、まず反復処理を使わないのであれば81種類すべての乗
算をプログラムに書かなければいけませんでした。次に1つの反復処理
を用いれば、9種類の乗算を書くだけでよくなりました。さらに入れ子構
造を使えば、1種類の乗算i×jだけで事足りるようになったわけです。

Chapter 8

分岐条件

この章で学ぶ主なテーマ

分岐処理
入れ子構造の分岐処理
論理演算と条件式

「身近なモノやサービス」から見てみよう！

　「スーパーに行って牛乳を買ってきて。もし卵があったら6つお願い！」このように頼まれた人物は牛乳を6本買って帰ってきます。なぜかと問えば一言、「卵があったから」。

　これはとても有名なプログラマジョークで、海外のWeb掲示板の投稿が初出のようです。このジョーク、プログラマならおそらくすぐに意味がわかるのですが、普通の人にはなぜ牛乳を6本も買ってきたのか、卵はなぜ買ってこなかったのか、わからないことが多いそうです。

　これは「もし卵があったら」という表記が、プログラマ的思考だとその前に提示されている「牛乳を買ってきて」という処理に対する分岐条件に思えてしまうのです。つまり、「もし卵が売っていたならば牛乳を6本買う」という分岐処理と解釈するわけです。

プログラムにおいて、条件によって処理の流れを変化させることを分岐処理と言います。分岐処理は「もしＡならばＢをする」が基本の形で、順次処理していたプログラムの途中で条件を判定する箇所が現れ、その条件がTrueだった場合だけ違う処理を行うというものです。先ほどの例であれば「もし卵が売っていたならば」がＡの条件部で、「牛乳を６本買う」というのがＢの処理部分になるでしょう。

　また、分岐処理には条件に合わなかった場合についても記述することができます。普通の卵は見つからなかったがウズラの卵は売っている…という場合にどうするか、それも処理として決めておけるわけです。「もしＡならばＢをして、ちがうならＣをする」という形が作れるわけです。

　あえてこの例を日本語で「プログラム風」に書くと、このようになるでしょうか。

```
もし卵が…
    売っていたなら      牛乳を６本、卵を０パック
    売っていなければ    牛乳を１本、卵を０パック
買ってくる
```

　この章では分岐処理の構造と、それを用いたプログラムの例を説明していきます。この学習が終われば、冒頭のプログラマジョークにも納得してもらえるかもしれません。

分岐処理

分岐処理はプログラムの基本構造の一つで、条件によって順次処理の流れを分岐させるというものです。条件部の考え方は反復処理と同じで、比較演算子を使って表現した式の True・False による判断が多いです。また、分岐処理ではそれに加えて論理演算子を用いた条件部の記述も多く出てきます。後者については別の節で説明することとして、まずは分岐処理の基本構造を説明していきます。

if 文の形の分岐処理 ....

まず最も基本的な処理の形として、if 文の形の分岐処理を紹介します。なお「〜文の形」という呼び方は反復処理のときと同じく、説明をしやすいように筆者が勝手に命名しています。高水準言語では if という記述が多く使われるからです。

```
▲条件式
│ ・True処理
▼
```

FE 擬似言語では、if 文の形の分岐処理を▲と▼の記号およびそれらをつなぐ縦棒で表現します。なお反復処理のときと同じく、本書では縦棒を│記号を縦に並べたもので表現します。▲の横に書かれているのが条件部で、この条件部の演算結果が True だったときに▲▼で囲まれた部分の処理を行います。説明のため、条件が True のときに実行される処理を True処理と呼ぶことにします。もし条件部が False だったときには True 処理の部分は飛ばし、▼の次から順次処理へ戻ります。

```
○整数型：data ← 80
○文字列型：msg
▲ data ≧ 70
｜・msg ← "70 以上です "
▼
```

FE 擬似言語の例では整数型の変数 data に 80 という数値が代入されています。分岐処理の条件部は data ≧ 70 ですから、この演算結果は True です。そのため、文字列型変数 msg へ「70 以上です」という文字列が代入される処理が実行されます。もし data に代入された数値が 60 だったなら条件部は False となり、msg には何も代入されません。

if-else 文の形の分岐処理 ･･･

if 文の形の分岐処理では条件部が True のときの処理のみを記述していました。if-else 文の形の分岐処理では、それに加えて条件が False のときの処理を設定することができます。多くの高水準言語では、False 時の分岐を示す部分を else という記述で表すため、if-else 文の形と命名しています。条件が False だったときに実行される処理も、説明のために False処理と名前をつけておくことにします。

```
▲条件式
｜・True処理
+———
｜・False処理
▼
```

条件式の書き方や▲▼の記号で分岐処理を表現するのは同じです。違いは分岐処理部分が上下に分割されている点です。この分割された空間のうち、上に書かれているのが True処理になり、下に書かれた処理が False処理になります。なお、こちらの記述でも本来は▲▼をつなぐ縦棒に垂直な横棒で分割部分が書かれるのですが、キーボード入力に対応するため本

書では＋と－の記号を組み合わせて表現することにします。

```
○整数型：data ← 80
○文字列型：msg
▲ data ≧ 90
｜・msg ←"90 以上です"
+―――
｜・msg ←"90 未満です"
▼
```

　if 文の形で示した例と同じく、整数型変数 data に数値 80 が代入されています。ただし条件部が data ≧ 90 となっているため、今回は条件式の演算結果が False となります。if-else 文の形ですので、条件部が False の場合は分割されたうちの下の処理が実行されます。結果として文字列型変数 msg に「90 未満です」という文字列が代入されます。

　なお、FE 擬似言語だとプログラムの記述中に else が出てきませんが、例えば同じ条件分岐を C 言語で書くと次のようになります。

```
if(data>=90){
    printf("90 以上です");
}
else{
    printf("90 未満です");
}
```

　このプログラムでは data が 90 以上の場合には「90 以上です」という文字列が画面に表示されます。一方で 90 以上ではない、つまり else であった場合には「90 未満です」という文字列が表示されます。

入れ子構造の分岐処理

　反復処理の章（7 章）で説明した通り、入れ子構造はある処理構造の中に同じ処理構造が入っている状態を指します。分岐処理でもこの入れ子構造を作ることができますし、またプログラムにおいてこの構造はよく出てきます。

分岐処理の中の分岐 ⋯⋯⋯⋯⋯⋯⋯⋯⋯⋯⋯⋯⋯⋯⋯⋯⋯⋯

　分岐処理における入れ子構造は、例えば「False処理に新たな分岐処理が書かれている」ようなものがあります。もちろんこれは「True処理に新たな分岐処理が書かれている」でもかまいません。とにかく、最初に出てきた分岐処理の中に別の分岐処理が書かれているという構造が、分岐処理の入れ子構造です。「False処理に新たな分岐処理が書かれている」状態を例にして入れ子構造の動作を見ていきましょう。

成績の判定 ⋯⋯⋯⋯⋯⋯⋯⋯⋯⋯⋯⋯⋯⋯⋯⋯⋯⋯⋯⋯⋯⋯⋯

　ここでは、テストの点数によって評価メッセージを変えるという処理について考えてみます。具体的には 70 点以上の場合は「よくできました」、50 点以上の場合は「できました」、それ以外は「もうすこし」というメッセージを文字型変数へ代入するとします。

　まずこの処理は「点数の条件によって処理が変わる」というものですから、分岐処理だとわかります。そうすると次に考えるべきは、どのような条件を設定すれば適切な分岐になるかです。一番わかりやすい考え方として「それさえ True・False なら処理が 1 つ決まる条件」部分を探すことです。

　今回の点数設定を見ると、まず 70 点以上の場合はその条件 1 つだけで「よくできました」処理が決定するはずです。一方で 50 点以上という条

件はそれ1つだけで分岐してしまうと70点以上も含まれてしまいます。

　最初の条件をきちんと書くなら、「70点未満50点以上なら『できました』」となるでしょう。ここで「70点未満」という条件に着目すると、これは先ほどの「70点以上」という条件がFalseだったときのはずです。そうするとまず「70点以上」という条件でif-else文の形の分岐を作り、そのTrue処理は「よくできました」、False処理は50点以上についての処理を書けばよさそうです。

　ここで点数が70点未満のときは、無条件に「できました」でよいのかを考えます。すると50点以上の場合は「できました」、それ以外は「もうすこし」と、さらに条件でメッセージを分けなければいけないとわかります。つまり条件「70点以上」のFalse処理の中で、50点以上の条件がTrueなら「できました」、Falseなら「もうすこし」としなければならないわけです。これをFE擬似言語で記述すると次のようになります。

```
○整数型：score
○文字列型：t_msg
▲ score ≧ 70
｜・t_msg ←"よくできました"
＋―――
｜▲ score ≧ 50
｜｜・t_msg ←"できました"
｜＋―――
｜｜・t_msg ←"もうすこし"
｜▼
▼
```

　整数型の変数scoreにテストの点数データが入っているとします。入れ子構造なのでどうしても入り組んだ見た目になってしまいますので、構造を色分けして見てみましょう。

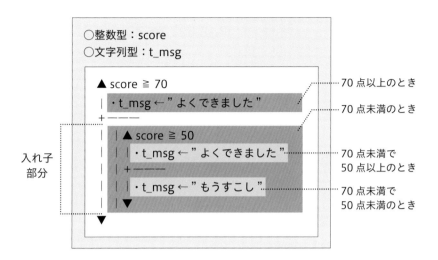

まずいちばん外側、score ≧ 70 を条件とした分岐が「それさえ True・False なら処理が 1 つ決まる条件」によるものです。この条件の True 処理が 70 点以上のときの処理となります。次にこの条件の False 処理を見ると、新しい分岐処理が始まっています。この 2 つ目の分岐処理全体は score ≧ 70 の False 処理ですから、70 点未満のときにだけ実行されるということです。

70 点未満のときに実行される、2 つ目の分岐処理を見てみましょう。こちらは score ≧ 50 の条件がついていますから、True 処理は点数が 50 点以上のときという意味になります。しかも、この 2 つ目の分岐処理全体が 70 点未満のときにしか実行されませんから、必然的に「70 点未満 50 点以上のとき」の処理内容となるわけです。2 つ目の分岐処理の False 処理も同じように考えると、70 点未満 50 点未満のときの処理ということがわかります。

論理演算と条件式

　分岐処理では条件部に論理演算子を用いた記述がよく出てきます。論理演算によって複数の条件式をつなぎ、複雑な条件式を設定することができます。

複雑な条件式を作る ••

　「70点未満50点以上なら『できました』という文字列を代入する」という分岐処理を、先ほどは入れ子構造で作りました。ここで条件をもう少し変形してみると、これは「70点未満かつ50点以上なら」とも言えます。この「かつ」を表す演算はすでに出てきています。論理演算のANDです。

　論理演算はANDが「〜かつ〜」、ORが「〜もしくは〜」、NOTが「〜ではない」を表すものでした。これらを使うことで、複雑な条件を1つの式で表すことができます。「70点未満50点以上」は「70点未満AND50点以上」と同じことです。これを使って先ほどのテスト評価プログラムを変形してみます。

```
○整数型：score
○文字列型：t_msg
▲ score ≧ 70
│・t_msg ← "よくできました"
▼
▲ score<70 and score ≧ 50
│・t_msg ← "できました"
▼
▲ score<50
│・t_msg ← "もうすこし"
▼
```

　入れ子構造をなくし、すべて if 文の形の分岐処理で記述することができました。条件式 score<70 and score ≧ 50 が「70 点未満 AND50 点以上」の部分です。まず 70 点以上の場合の分岐処理 1 があり、それが終わると 70 点未満かつ 50 点以上の分岐処理 2 が始まります。分岐処理 1 が True なら分岐処理 2 に入ることはありません。70 点以上と 70 点未満が同時に成り立つことはないからです。同じように「もうすこし」のメッセージ部分は 50 点未満という条件の分岐処理 3 で記述することで、入れ子構造のないプログラムとなっています。

　このように、論理演算を条件式に加えることで複数の条件をまとめ、複雑な式を作ることができます。

閏年を判定する

　論理演算を使って条件式を作る例として、閏年（うるう）の判定プログラムを見てみましょう。

　閏年とは 2 月の日が 1 日多い年のことです。現在のカレンダーでは一年は 365 日とされていますが、正確には 365.242…と微妙にずれています。このずれ分を調整するために追加される時間のことを閏と言い、1 日分の閏がある年を閏年と言います。ずれを適切に調整できるタイミングで閏を入れる必要があるため、閏年には条件があります。閏年の条件は次の通りです。

> 4 の倍数であり 100 の倍数ではない、または 400 の倍数である

　この条件を式に表し、分岐処理を作ればある年が閏年かそうでないかの判定ができるはずです。ではこれらの条件を整理していきましょう。

　まず「または」で接続されている「400 の倍数である」は、単独で閏年の条件となります。ある年が 400 の倍数であるなら、その時点で「400

の倍数である」という条件式は True となります。そしてこの条件式が「また」つまり OR でつながっていますから、これが True になりさえすれば条件全体が True と決まります。F or T も T or T も演算結果は True だからです。

　次に「4 の倍数であり 100 の倍数ではない」の部分について考えてみましょう。どうやら 4 の倍数であるという条件と、100 の倍数ではないという 2 つの条件がつながっていそうです。では何でつなぐかですが、この 2 つの条件の両方が同時に必要だという意味ですから、AND でつなぐのが適切でしょう。「4 の倍数であり　かつ　100 の倍数ではない」ということです。

　以上をまとめた上でのプログラム例を示します。なお、閏年かどうかを判定したい年は整数型変数 year に入っているものとします。

```
○整数型：year
○文字列型：y_msg
▲ （year%4=0 and year%100 ≠ 0) or year%400=0
│・y_msg ← "閏年です "
+―――
│・y_msg ← "閏年ではないです "
▼
```

　条件部の式は （year%4=0 and year%100 ≠ 0) or year%400=0 と非常に長くなりましたが、1 つにまとめることができています。少し読みにくいと思うので色分けをしてみましょう。

$$(\ year\%4{=}0 \ and \ year\%100 \neq 0 \ ) \ or \ year\%400{=}0$$

まず「4 の倍数であり　かつ　100 の倍数ではない」について、4 の倍数であるという判定には剰余演算子 % を用いています。4 の倍数であるということは、見方を変えると 4 で割り切れるということです。そうすると、判定したい数を 4 で割った余りが 0 と等しければ、4 で割り切れたということがわかりますし、それはつまり 4 の倍数だったということとです。それを表す式が year%4=0 の部分です。

次に「100 の倍数ではない」について、これも同じく 100 の倍数かどうかは 100 で割った余りで判断できます。ただし今回は「倍数ではない」という否定です。100 の倍数ではないのですから、100 で割り切ることができないということで、それはつまり余りが 0 にならないということです。それを式で表すと year%100 ≠ 0 となります。

ここまでで「4 の倍数である」と「100 の倍数ではない」を表す式ができました。この 2 つが「かつ」、つまり AND でつながるので、最終的な式は year%4=0 and year%100 ≠ 0 となります。この式と「400 の倍数である」を OR でつなげばよいわけです。400 の倍数であるについては、これまでとまったく同じで 400 で割った余りが 0 とすればよいので、year%400=0 となります。これらをまとめて最終的な条件式が (year%4=0 and year%100 ≠ 0) or year%400=0 となるわけです。

演算子の優先度と式の演算

ここで演算子の優先度について考えてみましょう。まず算術演算の優先度が最も高いので、year%4 と year%100 と year%400 が最初に算出されます。これらの式の演算結果は割り切れれば 0、割り切れなければそれ以外の整数となるはずです。

次に優先度が高いのは比較演算子です。今回は = と≠がそれにあたります。例えば year%4=0 について見ると、比較演算子の演算を行う時点で year%4 はすでに 0 かそれ以外の整数になっています。ですからその整

数と 0 が等しいかどうかを演算することになり、その結果は True か
False のどちらかになります。他の比較演算子の式も同様で、True・
False の結果が導出されることになります。

　最後が論理演算子ですが、まず優先度の高い and の方が先に演算され
ます。year%4=0 も year%100 ≠ 0 も、どちらもこの時点で True か
False となっていますので、それらの間で AND 演算を行い、True か
False が導出されます。その状態で最後に or が演算されます。こちらも
こ の 時 点 で year%400=0 が True か False と な っ て い る た め、
year%4=0 and year%100 ≠ 0 の結果の True・False との OR 演算が
行われ、これで式全体が 1 つの True か False に定まります。

　あとはこの True・False の結果によって処理を分岐させればよいので、
if-else 文の形の分岐処理でメッセージの代入を変化させています。条件
式全体が True ならば、文字列型変数 y_msg に " 閏年です " が代入され
るわけです。

Chapter **9**

関数

この章で学ぶ主なテーマ

プログラムにおける関数
関数定義
関数呼び出し

「身近なモノやサービス」から見てみよう！

　筆者の家の洗濯機には、水の量や洗い・すすぎ・脱水の回数・時間を自分好みの組み合わせに設定できる機能があります。また、好みに組み合わせた一連の流れを記憶しておくこともできます。この記憶したお好み洗濯はボタン一つで呼び出すことができ、大変重宝しています。

DPeterson / Shutterstock.com

　反復処理の章（7 章）で同じ処理を繰り返す動作は多々あると説明しました。このお好み洗濯も筆者は毎日呼び出していますから、反復処理と言えるでしょう。

　しかしこのお好み洗濯、実は最初の設定が少し面倒です。細かくいろいろと設定できるがゆえに、洗いの設定一つとってもボタンをたくさん押さないといけないのです。もし設定のためのボタン押し動作を毎回やらないといけないとしたら、おそらく筆者はお好み洗濯をやらなくなると思います。毎日の反復処理として実行できているのは、最初に説明した通り、お好み洗濯の各設定処理をボタン一つで呼び出せているからです。

ある設定処理をするためには、いろいろなボタンを押す処理をいくつも実行しなければなりません。この一連のボタン押し処理を一つにまとめ、「マイ洗濯」ボタンで呼び出せる、これはまさに関数化です。

　プログラムにおける関数とは、何かの処理の塊をまとめて分割し、それに違う名前を付けて呼び出せるようにしたものです。例えばプログラム中で何度も実行する処理の記述が20行もあったとすると、毎回その20行を書くのは面倒です。よく使う処理の塊を別の処理の流れAに分けてしまい、メインの流れの中で使うときにはAを呼び出す、というふうにすれば楽そうです。このAが関数です。「お好み洗濯のパラメータ設定処理」を「洗濯」というメインの流れから分割し、「マイ洗濯」という関数として定義しているのです。また、洗濯機には「毛布用」であったり「おしゃれ着用」のように、最初からいろいろな洗い方が設定されています。これも専用の洗い方をまとめて関数化していると言えるでしょう。

　この章ではプログラムにおける関数の意味合いと、その定義の仕方を説明していきます。特に定義の仕方では、関数を構成するのに必要な要素として今までになく専門用語が多く出てきます。しっかりと押さえていきましょう。

プログラムにおける関数

　関数という言葉自体は数学の授業の中で聞いたことがあると思いますが、プログラムにおける関数はそれと同じもの、というわけではありません。処理の塊を分けて、名前をつけ、適切なタイミングで呼び出せるようにしたものを**関数**と言います。

プログラムにおける関数 ……………………………………………

　$y=f(x)$ のような式の記述に見覚えがあるのではないでしょうか。変数 x の値によって変数 y の値が定まるのですが、このときの x と y の間の対応ルールが数学での関数 f です。

　プログラムにおいても関数という言葉が指す動作の大まかなところは似ています。こちらでは変数 x を入力データのように捉え、y を関数の出力データのように捉えます。つまり関数に何かデータを入力すると、関数の中のルールでそれを処理し、そして結果のデータを出力してくれるわけです。

　しかし、この説明だけではどうもしっくり来ません。そもそもプログラムは何かデータを与えると、それに対して記述した通りの処理を行い、結果を出してくれるものでした。ならば今まで学んできたプログラム全体を関数と呼ぶのか、というとそうではありません。

　プログラムにおける関数は、かなり大雑把な説明をすると「処理の塊に別の名前をつけてまとめたもの」です。さらに言うと「名前で処理の塊を呼び出せるもの」です。今までのプログラムは反復処理・分岐処理があるとはいえ、基本的に上から下へ流れていって最初から最後まで動く１つの塊で作られていたと思います。今までのプログラムをメインプログラムとすると、関数はこの処理の塊から分割できる部分を分けて、「これからこれまでの処理を関数 A と名付ける」というように作ります。そしてメ

インプログラムや他の関数の中で「ここで関数 A の処理の塊を実行する」
というように呼び出せるのです。

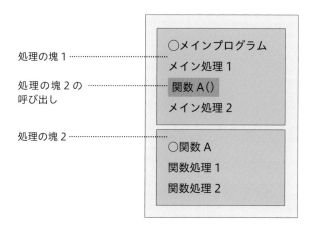

この図のような構造の場合、まずメインプログラムから処理が始まって
メイン処理１が実行されます。その次に関数 A の呼び出しが実行されると、
処理の流れが関数 A のところへ飛びます。そのまま関数処理１・関数処
理２を実行し、そしてメインへ戻ってきます。最後にメイン処理２を実
行してプログラム全体が終了します。以上が関数の大まかな動作です。

関数にする必要性

しかし今までのプログラムを思い起こすと、特に関数などといった処理
の分割をしなくてもよいように思えます。先ほどの関数の大まかな動作に
しても、関数 A の中の処理をメインプログラムのメイン処理１と２の間
にそのまま書いてしまえば事足ります。ではなぜ、わざわざ関数のような
処理の分割をするのでしょうか。

まず大きな理由としては、重複した記述が減るという点があります。反
復処理にも同じようなメリットがあることを説明したと思います。しかし、
反復処理は「『ある処理の塊を条件内で繰り返す』という処理」を一度行
うだけです。プログラムの中で「ある処理の塊を条件内で繰り返す」こと

がたくさんあると、結局は反復処理の塊を何度も書くことになります。しかしここで「ある処理の塊」を関数として分割しておけば、メインプログラムで記述するのは反復処理のための書式と関数呼び出しのみでよくなります。

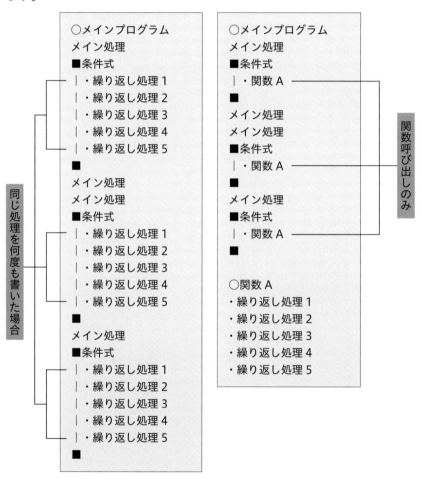

　また、同じ流れの処理を別のデータに対して何度も行えることも関数化のメリットです。次の節で具体的に説明しますが、関数を呼び出すとき、処理してほしいデータを渡すことができます。この渡すデータを変えれば、さまざまなデータに対して同じ処理を行うことが簡単になります。もし関

数化していなければ、データを変えるたびに同じ処理を書かなければならないでしょう。

　他にも、関数化のメリットとして可読性の向上が挙げられます。人間がひと塊と捉える処理は、プログラム上では大抵の場合、複数行の記述によって構成されています。その複数行に対して、まとめて1つの名前を付けておくと処理の塊を非常に捉えやすくなります。また、メインプログラムにすべての処理が順にずらっと書かれていると、どこからどこまでが何のための処理なのか非常に読みにくくなります。関数化をすることで、分けた処理の塊ごとに名前を付けることができます。処理の切れ目がよくわかり、また各々の処理が何のための処理なのかも非常に読みやすくなります。

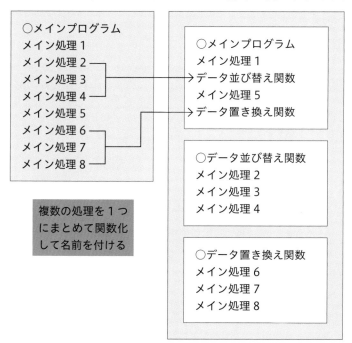

こういった理由から、関数化はより良いプログラムを作るのに非常に重要なものなのです。

関数定義 と 関数呼び出し

　関数にはその定義に必要な要素がいくつかあります。各々の意味が少し難しいので、ここでは関数を用いたプログラムを例にして各要素の説明をしていきます。また関数を使う方法、つまり呼び出す方法についても合わせて述べていきます。

関数定義 ………………………………………………………………………

　関数定義に必要な要素を説明していくため、FE 擬似言語を用いた例をまず示します。

```
○メインプログラム
○整数型：price ← 1000
○整数型：tax_p
・tax_p ← cal_tax(price)


○整数型：cal_tax(整数型：input_p)
○整数型：payment
・payment ← input_p×1.1
・return payment
```

　このプログラム全体は、変数 price に入った価格の数値から税込価格を算出し、結果を変数 tax_p へ代入するというものです。このプログラムにおいて、税込価格を算出する部分を関数化してみましょう。

　まず例に挙げたプログラムを関数定義において重要な箇所ごとに色分けしてみます。

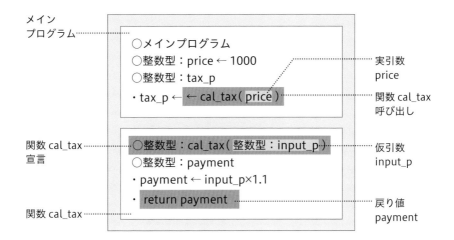

メイン
プログラム ……………

○メインプログラム
○整数型：price ← 1000 ……………… 実引数
price
○整数型：tax_p
・tax_p ← cal_tax(price) ……………… 関数 cal_tax
呼び出し

関数 cal_tax ……………
宣言
○整数型：cal_tax(整数型：input_p) ……… 仮引数
input_p
○整数型：payment
・payment ← input_p×1.1
関数 cal_tax ……………
・return payment ……………… 戻り値
payment

　処理の塊は 2 つで、まずメインプログラムが上 4 行分、関数部分が下
4 行分です。FE 擬似言語ではメインや関数の塊の最初に、宣言を表す○
と処理の塊の名前、その構造を記述します。この後説明しますが、戻り値
や引数がない場合は「○メインプログラム」のように名前だけの宣言にな
ります。関数部分の構造を宣言しているのは○整数型：cal_tax（整数
型 :input_p）の部分で、関数の名前が cal_tax になります。メインプロ
グラム側の最終行にも cal_tax の記述がありますが、これが関数の呼び出
し部分になります。

戻り値 ……………………………………………………………………

　まず関数側の最終行にある「return payment」について説明します。
return に続く変数や値のことを**戻り値**と呼びます。戻り値は、関数が呼
び出されて処理を実行し、それが終わって処理が戻る際、呼び出し元へ渡
す値のことです。関数の中で導出した結果の値などを呼び出し元へ返すた
めの記述です。関数に任せた処理の結果はコレです、と報告しているよう
なイメージです。

　return という記述は戻り値を返却して、呼び出し元の処理へ流れを戻
す命令です。戻り値のある関数には必ず記述しなければいけません。

　ところで、関数 cal_tax の構造を宣言している部分を見てみると、○整数型：cal_tax（整数型 :input_p）という記述のうち、○の次にある「整数型」という部分が「戻り値の型」を表しています。つまり、関数 cal_tax は戻り値として整数を返してくるというわけです。

　戻り値に設定するべきは、関数に任せた処理の結果です。今回は関数部分で税込価格を算出するというプログラムです。そうすると戻り値にすべきは算出した税込価格でしょう。プログラムでは return payment とあり、つまり変数 payment の値が返されることになります。この変数 payment に税込価格を代入するとよいわけです。

引数 ………………………………………………………………………

　次に引数ですが、これはメインプログラム側の「実引数 price」と関数側の「仮引数 整数型：input_p」の 2 種類があります。

　まずメインプログラム側の実引数ですが、これは関数を呼び出すときに一緒に渡すデータのことです。関数側で処理してほしい値を実引数で渡すと、関数側は受け取ったその値を使って処理を行えるようになります。

　次に関数側の仮引数、これは実引数で渡された値を関数側で受け取るための変数です。「整数型：」の記述は仮引数の型を定めている部分で、実引数で渡されると想定される値の型で設定します。

　今回はメインプログラム 2 行目で宣言された変数 price を実引数にしているので、この中に代入されている 1000 という値が関数に渡されます。関数側では仮引数として整数型の変数 input_p が用意されているので、ここに 1000 という値が代入されます。これで関数側で税込価格を計算する対象が扱えるようになるわけです。

　ちなみに引数は複数を設定することもできます。例えば整数型の値を 1 つと実数型の値を 2 つ渡して、関数側も 3 つ受け取る、といったことも可能です。一方で return で返せる戻り値は、言語によって違いますが 1 つだけの場合が多いです。複数の値をメインプログラムへ戻したい場合は「メインプログラムで変数を用意」⇒「変数の場所（アドレス）を引数で渡す」⇒「渡されたアドレスが示すメモリへ返す値を代入する」といったような処理が必要になります。

　また、例に示したプログラムでは仮引数と実引数の名前が異なっていましたが、これらは同じでも構いません。メインプログラムの範囲と関数の範囲は別のものとして認識されるため、名前が同じ変数があったとしてもそれらは区別されます。変数の名前などが利用できる範囲のことをスコープと言うのですが、メインプログラムと関数はスコープが違うため、同じ名前の変数でも干渉しないということになります。

関数呼び出しと戻り値の受け取り

　メインプログラム側の 4 行目、tax_p ← cal_tax(price) は関数の呼び出しと戻り値の受け取りを行っている部分です。cal_tax(price) という記述で「関数 cal_tax を実引数 price で呼び出す」という意味合いになります。また、関数 cal_tax は戻り値があるので、それを受け取る整数型の変数 tax_p を用意しています。ここに関数呼び出しを代入する、という記述をすることで戻り値を得ることができます。関数の呼び出しも演算と見れば、演算結果を代入するというように見えるかと思います。

プログラムの流れ

　以上で関数の定義に必要な要素をすべて説明しました。プログラムの流れをざっと追っておきましょう。まずメインプログラムでは、整数型変数 price に 1000 という値が代入されています。これが元の価格です。続けて整数型変数 tax_p を宣言しています。これは、この後で関数に任せて導出してもらう price の税込価格を受け取るための変数です。最後の 4

行目で実引数 price による関数呼び出しと、戻り値の代入処理が書かれています。

　次に関数側です。まず最初に、「戻り値が整数型・関数名 cal_tax・仮引数 input_p」という関数の構造を宣言しています。次の行では関数の中で使う整数型変数 payment を宣言しています。そして 3 行目が、メインプログラムから渡された価格の値に 1.1 をかけて税込価格を算出し、その結果を payment へ代入している処理です。メインプログラムから渡された実引数の中身は、仮引数 input_p の中に代入されていますから、これに 1.1 をかければ税込価格が算出できるわけです。最後は return 命令により、算出した税込価格を戻り値としてメインプログラムへ返しています。返した値はメインプログラム側の変数 tax_p に代入されます。以上で税込価格を算出するプログラムを関数ありで作ることができました。

局所変数と大域変数 ……………………………………………

　関数 cal_tax の中で宣言している payment は、**局所変数**や**ローカル変数**と呼ばれる変数です。局所変数とは関数の中でしか使えない変数のことです。関数内で宣言した変数は、その宣言した関数でしか使えません。今

回の例であれば、変数 peyment をメインプログラム側で使うことはできない、ということです。当然ながらメインプログラム側で宣言した変数 price や tax_p も局所変数ですから、関数側で使うことはできません。この場合、お互いで値のやりとりをしたいなら引数や戻り値を用いることになります。

　もし、どこでも共通のものとして扱える変数を用意したいなら、**大域変数（グローバル変数）**を宣言すれば一応は可能です。しかし、可読性の低下や予期せぬエラーの温床になりやすいなどの問題点もあります。使わずにすむのならあまり使わない方がよいでしょう。

ユーザ定義関数と組み込み関数 ・・・・・・・・・・・・・・・・・・・・・・・・・・・・・・・・・

　ここまでで、こちらが思う処理のまとまりを関数として定義する方法を説明しました。このようにプログラムを作る側が好きに作る関数のことを**ユーザ定義関数**と言います。

　一方、多くの高水準言語ではプログラムを作成する際によく使われる処理の塊を最初から関数化してくれていることが多々あります。このプログラミング言語側で用意してくれている関数のことを**組み込み関数**と言います。

　例えば「キーボードから文字を入力して変数に入れる」であったり、「画面に変数の中身や文字列を表示させる」のような処理はプログラムを組んでいると誰しも使いたくなります。そういった処理は大抵の場合、組み込み関数化されています。プログラムを作る側は関数の中身を気にせずに、適切な関数名と引数を渡すだけで簡単に一連の処理を使えるのです。

　例として、FE 擬似言語にキーボード入力の組み込み関数と、画面表示の組み込み関数があったと仮定しましょう。入力の関数は Scan（変数）とし、これが呼び出されるとキーボード入力を受け付けて、入力内容を引

数の変数へ代入するものだとします。画面表示の関数はPrint(変数)とし、引数で渡した変数の中身を画面に表示するものと仮定します。これらの組み込み関数を使って税込価格算出プログラムを改造してみます。

```
○メインプログラム
○整数型：price
○整数型：tax_p
・Scan(price)
・tax_p ← cal_tax(price)
・Print(tax_p)

○整数型：cal_tax(整数型：input_p)
○整数型：payment
・payment ← input_p×1.1
・return payment
```

　これでメインプログラム側で、まずScan(price)により税込価格を計算したい金額を好きにキーボード入力できるようになりました。また、メインプログラム最終行のPrint(tax_p)により、関数で算出された税込価格を画面に表示できるようになりました。

Chapter

10

プログラムを作る

この章で学ぶ主なテーマ

プログラムへの落とし込み方
プログラミング言語と開発環境

「身近なモノやサービス」から見てみよう！

Webページを見る、音楽を聴く、書類を作る、動画を見る…コンピュータを用いるとさまざまなことが行なえます。Webページを見るためのアプリケーション、書類を作るためのアプリケーションなど、さまざまな応用ソフトウェアによって可能となっていることです。

コンピュータはプログラムに書かれていることしか実行できません。これはここまでの章で繰り返し言ってきました。例えばWebページを見るためには「Edge」や「Chrome」などのブラウザと呼ばれるアプリケーションが必要です。そして当然、それらのアプリケーションのプログラムは人が作成しています。「Webページを見たい」という人間目線の大まかな要望から、コンピュータに対する漏れのない処理手順を生み出さなければならないのです。

また、プログラムを作成する言語にもそれぞれ得意な処理や特色があります。スマートフォンのアプリであれば、iOS向けなら「Swift」という言語が、Android向けであれば「Java」や「Kotlin」あたりが主流でしょう。流行りのAI、人工知能関連であれば「Python」と

いう言語が強力です。ブラウザを使って閲覧する Web ページの見た目であれば「HTML」と「CSS」といった言語が使われます。ページ内のボタンを押せば入力した情報を送信できるような動作などは「JavaScript」というプログラミング言語が主流でしょう。ちなみに厳密には HTML も CSS もプログラミング言語ではありません。HTML はマークアップ言語という「文章の構造を記述するための言語」です。また CSS はスタイルシート言語と言って「見た目を記述するための言語」です。また変わり種だと「Whitespace」という「空白・タブ・改行のみ」で書くプログラミング言語なんてものもあります。実用性は皆無のジョーク言語ですが、きちんと動作するプログラムを作成することができます。

　実際にプログラムを作るとなった際にはプログラミング言語はどんなものがあるのか、そもそもプログラムを作るために必要なツールとは何なのかなど、具体的な知識が必要です。ですが、この話を深掘りしようとするとおそらくもう一冊分は原稿を書かないといけなくなりますので、ここではその触りの話だけにしておきたいと思います。具体的な用語やプログラミング言語の名前だけでも知ることができれば、後はそこから自分に必要な具体的な情報を集めていけるようになるでしょう。情報技術の発展は範囲が広くスピードも速いですから、それに関わる知識も大量かつ高速に展開されていきます。その中から自分に必要な知識を探し出すことはプログラミングにおいて最大級に重要なことです。

　ここまではプログラムの処理構造を順に説明してきました。これは言うなればパーツごとの考え方の説明でした。この本の最後の章では、ここまでで学んできたプログラムの処理構造を使って、パーツではなくプログラム全体を構成するための考え方について触れていきたいと思います。

10-1

プログラムに落とし込む

　プログラムを作るときには、もちろん何かしらの目的があるはずです。その目的を私たちは「人間の目線」で捉えています。「ロボットを動かしたい」だったり、「エクセルのデータを整理したい」であったり、このような人間の目線での目的に特に違和感を抱くことはないと思います。しかし、こうした目的をプログラムで表現しようとすると、あまりに大まかすぎるのです。人間の目線の目的を、そのまま何の加工もせずにプログラムにしようとすると、具体的に何から始めてよいのかわからなくなりがちです。目的を、言うなれば「コンピュータ目線」の形に整理する必要があるのです。

　コンピュータ、ひいてはプログラムは絶対に記した通りの手順でしか動きません。宣言された変数しか使えませんし、記述された条件でしか分岐の判断もしません。適切な処理の塊を自動的に関数にすることもできませんし、繰り返すべき処理を適切に判断することもできません。必要なデータや実行すべきすべての処理を、人間がきちんと書かなければいけないのです。

プログラムの意味 ···

　人間が何か行動や処理を行うとき、きちんと言語化していないとはいえ、「なんとなく」手を動かし始めている以上は、その一連の流れに何か意味があるはずです。「データを整理したい」と思い立ち、「ファイルを開き」「データを確認し」「必要なデータを探し」「データの順番を入れ替え」…のような実動作が発生しているとすれば、それは「そもそも整理するためにバラバラのデータを並び替えないといけなくて、ただ今回はいらないデータもあるから必要なデータに対してだけそれをしたくて、それを判断するためにはデータの値をちゃんと見ないといけない」というような処理の意味のもとで行われているでしょう。プログラムにすべきはこの意味の部分です。

　一方で、コンピュータにとってプログラムは単なる「実行する事柄」の連続であり、そこに処理の意味のような情報はありません。書かれた通りのことを実行するという事柄だけが存在します。処理の連続に対しての意味付けなどはなく、それゆえに意味のある塊を関数にしたり、繰り返す意味のある処理を把握することもできません。プログラムの記述を並べることで「意味」を作り出すのは、人間にしかできないのです。

手順の意味と処理の流れ ·······································

　人間目線の大まかな要望をプログラムにするためには、まずは「なんとなく」の手順の「意味」を明確にし、そしてその意味を表現できるようなプログラムの記述の並び、つまり処理の流れを作る必要があります。

　分岐処理の章（8章）で取り上げた、テストの点数によってメッセージが変わるプログラムを例に、まずは手順の意味の整理について考えてみましょう。プログラムの内容は「70点以上なら"よくできました" 50点以上なら"できました" それ以外は"もうすこし"とメッセージが変わる」というものです。

　大まかな要望は「点数によってメッセージを変えたい」あたりでしょうか。さて、これを実現するための手順の意味を考えるわけですが、まずは処理に必要なデータから考えるのがわかりやすいと思います。この大まかな要望を実行しようとしたとき、必要なものはなんでしょうか。すぐに挙がるのはテストの「点数」でしょう。何点だったのかの情報がなければどうしようもありませんから、これは確認できるようにしなければいけません。また「メッセージ」も別々のものが必要になりそうなので考えておくべきでしょう。

　ここまでをプログラム化すると、まず点数を入れておく場所が必要そうなので、それ用の変数を宣言した方がよさそうです。変数名は点数が入っていることがわかりやすいように score と付けておくことにします。テストの点ですから普通は整数でしょう。また、最終的にメッセージを表示するので、そこで使う文字列型変数も必要そうです。変数名は「テストのメッセージ」で t_msg ぐらいでどうでしょうか。ひとまず、変数はこの2つを宣言することにしましょう。

　とりあえず必要そうなデータは整理できたので、次に行うべき処理について考えてみます。「点数によってメッセージを変えたいのだけれど、そのためには点数が何点かを確認しないといけなくて、点数を確認してもし70点以上だったら70点用のメッセージを出す。70点に足りなかったらそのメッセージは出さない」ぐらいに意味を整理できるでしょうか。点数が何点かは変数 score で確認できるはずです。そして「もし」70点以上だったら…ですから、条件によって動作が変わるようです。分岐処理というのがあったと思います、それを使うとよさそうです。確か分岐処理は条件が必要でしたから、どういうときに分岐するのかを整理しましょう。どうも点数が70点以上かどうかが境目のようです。点数は score を見ればわかるのでした。また「〜以上」は比較演算子とかいうものを使えばできたように思います。記憶が怪しければ調べればよいです。どうやら記号は「≧」のようですから、これで条件 score ≧ 70 という式を作れました。

式を分岐処理の条件部に書けば「70点以上だったら」は完成です。他の条件でも処理がありそうなので、70点以上ではなかった場合も必要そうです。では分岐処理は if-else 文の形で書いておきましょう。

　頭の中で考えていそうなことを全部書き出したので、なんとも長々となってしまいました。ただ、こうやって処理の意味をきちんと整理することは重要です。実現したい処理は何で、それを構成するためにはどんな段階をどんな意味をもって踏むべきで、その各段階はどの処理構造で表現できるのか…これを最後まで考えていきます。そうして必要なデータや処理を漏れなく洗い出していくのです。

　どうしても文章で書くと長くなってしまうので、もう少し意味のある処理だけを並べた形に直した上で、他の部分も含めた処理全体を示してみましょう。

```
整数型変数 score 宣言と点数代入
文字列型変数 t_msg
もし score が 70 以上なら変数 t_msg に ”よくできました” を代入
もし score が 70 以上でないなら
        もし score が 50 以上なら変数 t_msg に ”できました” を代入
        もし score が 50 以上でないなら変数 t_msg に ”もうすこし” を代入
変数 t_msg を表示
```

　処理を整理するとき、入れ子構造があるならそれがわかるようにしておくとよりわかりやすいです。手順の整理は特に文章で表現する必要はなく、この整理を頭の中でできるようになればより良いでしょう。慣れないうちは書き下してみるのも良いと思います。

　FE擬似言語でのプログラムも再び載せておきます。意味のある処理だけを並べた形と比較してみてください。なお、今回は点数を表す変数 score の中身を 70 としています。

```
○整数型：score ← 70
○文字列型：t_msg
▲ score ≧ 70
｜・t_msg ← "よくできました"
＋――――
｜▲ score ≧ 50
｜｜・t_msg ← "できました"
｜＋――――
｜｜・t_msg ← "もうすこし"
｜▼
▼
```

フローチャート

意味のある処理の塊や流れを整理しましたが、これを見やすい形で表すことができるのが**フローチャート**というモデル図です。「流れ図」とも言い、プログラムの構造のつながり方と流れを図で表現できます。

例えば、先ほどのテストの点とメッセージ変化の例をフローチャートにしてみると、次ページのようになります。

特に説明をしなくても、プログラムの流れが読み取れるのではないでしょうか。このフローチャートに出てきている各記号と名称は次の通りです。

「端子」は処理の流れの最初と最後を示します。今回は関数がないので開始・終了のセットが1つだけです。関数がある場合には、そちらの処理の流れは別の開始・終了端子のセットで流れ図を示します。

「処理」はそのままで、順次行われる処理類を書く記号です。処理内容は端的な説明文で示すこともあれば、プログラムの記述をそのまま示す場合もあります。

　「判断」は分岐処理を表す記号で、中に分岐の条件式を示します。記号の下の角から伸ばす矢印が True、左もしくは右から伸ばす矢印が False のときの分岐先を表すことが多いです。

　なお、ここに示したフローチャート記号は一部のみで、例えば繰り返し処理を表す記述などももちろん存在します。フローチャートの記述法で調べればいろいろな情報が出てきますから、ここでは一例のみとしておきます。このような流れ図を作ることでも、作成するプログラムの流れを整理することができます。

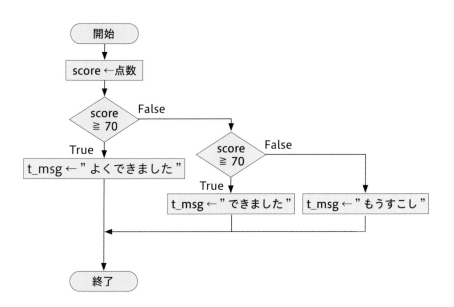

記号	名称
	端子
処理	処理
条件式	判断

プログラミング言語と開発環境

　何かしらプログラムを作成する行為を**プログラミング**と言います。ここまではプログラムの考え方をずっと説明してきましたが、もちろん最終的には具体的な言語を使ってプログラムを組んでいくことになります。最後に、プログラミングに関する事柄について少し触れておこうと思います。

さまざまな高水準言語 ……………………………………………………

　具体的な言語でプログラミングを行うとなれば、まず考えないといけないのが「どの言語を使うのか」ということです。高水準のプログラミング言語には多くの種類があり、汎用的なものから特徴的なものまでさまざまです。筆者はとにかくなんでも触れてみればよいと考えているので、特に「この言語をやるべき」という主張はありません。ここではその中でも有名な3つのプログラミング言語を簡単に紹介します。

　まず**C言語**です。1970年代に開発された歴史のある言語で、後発のさまざまな言語の基盤になっています。C言語は高水準言語なので、機械語と比べて人が解釈しやすいサイズ感で処理を記述することができます。その上でC言語は、主記憶装置に対する処理のようなハードウェアに近しい命令なども記述することができます。それによってプログラミングの自由度は高いですが、細かな処理をきちんと記述しないといけないため、難易度も高めという言語になっています。しかし、先に述べたように他のさまざまな言語の基盤である点や、メモリの挙動なども考える必要がある点などから、プログラミング学習において選ばれやすい言語でもあります。C言語の特徴として、プログラムの実行速度が非常に早いという点が挙げられます。ハードウェアとのつながりを意識した処理ができるため、ムダや遠回りなしにコンピュータを動かしやすいという面があるのも要因の一つです。また、C言語はコンパイル型言語であるというのも処理が早い要因に挙げられます。

　次に **Python** です。Python は C 言語と比べるとかなり後発の言語で、現在主流のバージョンは 2000 年代後半にリリースされたものです。近年では特に人工知能分野の開発で活用され、プログラミング人口が非常に増えている言語です。Python のような新しい言語は、ハードウェアレベルの処理をできるだけ意識せずに、複雑な処理を簡単な記述で行えるようになっています。こういった点は先の C 言語とは違う特徴です。やはり後発の言語の方が、それまでの不便なども解消されやすいため、往々にして書きやすい言語であることが多いです。Python もプログラミングがしやすい言語であると思います。ただどうしてもハードウェア的な部分が見えづらいブラックボックスになっているため、コンピュータのしくみを意識しづらいところはあります。もちろん、それがむしろ良いという場合も多々あります。

　上記の 2 つは汎用的に使える言語ですが、ある分野に特化した言語の例として、**HTLM** と **CSS** および **JavaScript** を挙げたいと思います。正確には HTML と CSS はプログラミング言語ではなくマークアップ言語と呼ばれるものです。これらは WEB ページの外観を記述するための言語で、HTML はページに表示する文字列や段落の設定など、最低限の骨組みを作るための記述方法です。CSS はこの HTML で書かれた骨組みに対して、この段落は文字を大きくする、このタイトルは文字に色を付けて配置を変える、のような見た目の記述をするものです。これらを合わせて WEB ページの外観を作ることができます。そして、WEB ページ内でのさまざまな処理を記述できるプログラミング言語が JavaScript です。例えば WEB ページ上にボタンを作り、そのボタンを押したときに関数を呼び出して…のようなプログラムを書くことができます。

　次ページに、HTML と JavaScript を用いた閏年の判定プログラムを例として出しておきます。

```
<!DOCTYPE html>
<html>
  <head>
    <meta charset="UFT-8">
    <title> 閏年 </title>
  </head>
  <body>
    <script>
      var year;
      year = prompt (" 西暦 ") ;

      if((year%4==0 && year%100!=0)|| year%400==0){
        alert (year + " 年は閏年です ") ;
      }
      else{
        alert (year + " 年は平年です ") ;
      }
    </script>
  </body>
</html>
```

　HTML・CSS・JavaScript によるプログラムは、WEB ページを見る
アプリ、つまりブラウザさえあれば、特にそれ以外の環境を設定すること
なく動かすことができます。WEB ページの「見た目」が作れるので、視
覚的に何が起こっているのかわかりやすく、そういった点では初学者にも
動かしやすい言語です。一方で HTML と CSS というプログラミングと
は関係のない記述についても学ばなければいけないため、純粋にプログラ
ムの考え方を学ぶ言語としては手間が多いかもしれません。

開発環境 ●●●

　具体的な言語でプログラムを作るとなったとき、言語とともに必要に
なってくるのが**開発環境**です。ソフトウェア開発における開発環境とは、
多くの場合プログラムを記述するためのテキストエディタや、プログラム

を機械語へ翻訳するための処理系などを指します。テキストエディタとは文字のみで作られるテキストファイルを作成することのできるソフトウェア全般を表す言葉で、Windows なら「メモ帳」がデフォルトで導入されています。プログラムはデータとしては半角文字の集合ですから、このメモ帳でソースコードを書くことも可能です。

　統合開発環境（**IDE**）は、プログラム作成において必要なさまざまなツールをまとめて用意してくれているソフトウェアです。例えば Microsoft の「Visual Studio」は非常に高性能な IDE です。

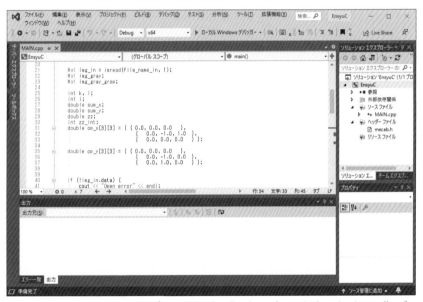

Microsoft Visual Studio Community（https://visualstudio.microsoft.com/ja/free-developer-offers/）

　IDE は、例えば C 言語を機械語に翻訳するコンパイラが用意されていたり、デバッグというプログラムのエラー箇所を探して修正するための処理があったりと非常に便利なソフトウェアです。先ほどのメモ帳のようなシンプルなテキストエディタには、こういった開発のための必要なツールというものは用意されていません。

初めてのプログラミング …………………………………………………

　ただ、プログラミングを勉強し始めたばかりで、まさにこれからプログラムを作ってみたいという人には、IDE のような環境は使いにくいのではないかと思います。確かに便利な機能がたくさん用意されているのですが、初学者はその大半を必要としません。使わないのにあちらこちらに機能呼び出しのボタンやメニューがあるので、混乱してしまうのではないかと思います。

　また、特別な環境を整えなくても動かせるようなものの方が挑戦しやすいでしょう。HTML と JavaScript なら、ブラウザさえあれば動く環境は整っている状態です。プログラムの作成はメモ帳でもできますし、もしもう少し機能のあるテキストエディタを使いたいなら「サクラエディタ」や「VSCode」などをダウンロードしてみるのもよいでしょう。このように HTML・JavaScript は環境作りも開発も難易度は低めですが、どうしても WEB ページ特化の言語であるため、汎用的なプログラムの作成には向きません。

　Python はプログラムの記述自体はやりやすい言語ですが、動作環境の構築が少しややこしいかもしれません。C 言語も同じく、さらにこちらはそもそも言語自体の難易度が少し高めです。ただ C 言語はコンピュータの内部も含めて勉強したいという場合には非常に良い言語です。

　いろいろと良し悪しを書いていますが、とにかく最初は何でも触ってみることが重要です。ここで紹介していない高水準言語も世の中にはたくさんありますので、いろいろと自分で調べてみて、いろいろな言語に触れてみるとよいでしょう。

プログラミングを学びたい人のためのブックガイド

「もっとプログラムについて知りたい」「実際にプログラムを自分の手で作ってみたい」という人向けにおすすめの書籍をいくつか紹介します。

『改訂3版　これからはじめるプログラミング 基礎の基礎』
谷尻かおり著／谷尻豊寿監修／技術評論社

　具体的な言語の書き方ではなく、プログラミングの考え方についての書籍です。N進数やコンピュータの構成の話、プログラミングという動作の概念や心の準備（！）などの話から始まり、本書でも触れた変数や繰り返し、関数などのプログラミングの基礎知識について幅広く丁寧に書かれています。図表や具体例も多く示されていて、本質的な内容が初学者にも伝わるようにまとめられています。

『プログラミング言語大全』クジラ飛行机著／技術評論社

　これも言語の書き方を示したものではなく、数多あるプログラミング言語を並べて紹介している書籍です。言語ごとの特徴や得意な処理、使われている場所など、さまざまな情報が載っています。YES／NOで質問に答えていくとおすすめの言語がわかる「プログラミング言語チャート」は、具体的に何の言語について勉強しようか迷ったときの一助になるかもしれません。言語の歴史や別の言語同士の関連性など、いろいろな話が取り上げられていて読み物としても楽しいものになっています。

『スラスラ読める Python ふりがなプログラミング　増補改訂版』
リブロワークス著／株式会社ビープラウド監修／インプレス

　これは具体的なプログラミング言語に関する書籍で「処理に意味のふりがなが振ってある」のが特徴です。高水準言語は人間にわかりやすくなっているとはいえ、初学者からすれば見たことのない横文字ばかりで意味を捉えにくいと思います。この本にはそんな横文字に説明のためのふりがなが（良い意味で）くどいと感じるぐらい振られているので、少なくとも記述の意味がわからず嫌になる…というパターンに陥ることは避けられるはずです。ここでは Python に関する書籍を紹介しましたが、他の言語についての「ふりがなプログラミング」もシリーズで出ているので、気になる人はチェックしてみてください。

【編者】
土屋誠司 （つちや・せいじ）

同志社大学理工学部インテリジェント情報工学科教授、人工知能工学研究センター・センター長。同志社大学工学部知識工学科卒業、同志社大学大学院工学研究科博士課程修了。徳島大学大学院ソシオテクノサイエンス研究部助教、同志社大学理工学部インテリジェント情報工学科准教授などを経て、2017 年より現職。主な研究テーマは知識・概念処理、常識・感情判断、意味解釈。著書に『やさしく知りたい先端科学シリーズ　はじめての AI』『AI 時代を生き抜くプログラミング的思考が身につくシリーズ』（創元社）、『はじめての自然言語処理』（森北出版）がある。

【著者】
芋野美紗子 （いもの・みさこ）

大同大学情報学部情報システム学科講師。同志社大学工学部知識工学科卒業、同志社大学大学院工学研究科博士課程修了。同志社大学高等研究教育機構助手を経て、2016 年より現職。同志社大学人工知能工学研究センター嘱託研究員。主な研究テーマは知識工学、自然言語処理、感性工学。

> 本書に対するご意見およびご質問は創元社大阪本社編集部宛まで郵送か FAX にてお送りください。お受けできる質問は本書の記載内容に限らせていただきます。なお、お電話での質問にはお答えできませんのであらかじめご了承ください。

身近なモノやサービスから学ぶ「情報」教室 ❸
コンピュータとプログラミング
2023 年 7 月 30 日　第 1 版第 1 刷発行

編者	土屋誠司
著者	芋野美紗子
発行者	矢部敬一
発行所	株式会社 創元社

https://www.sogensha.co.jp/
〈本社〉〒 541-0047 大阪市中央区淡路町 4-3-6
Tel.06-6231-9010 Fax.06-6233-3111
〈東京支店〉〒 101-0051 東京都千代田区神田神保町 1-2 田辺ビル
Tel.03-6811-0662

デザイン	椎名麻美
印刷所	図書印刷株式会社

©2023 Misako Imono　ISBN978-4-422-40083-9 C0355
Printed in Japan

落丁・乱丁のときはお取り替えいたします。